中国近代伦理学文献丛刊

李义天 张远航◎主编

第三部分·第七册

CCTP
中央编译出版社
Central Compilation & Translation Press

出版说明

中国近代伦理学文献丛刊共计收录中国近现代伦理学文献三十二种，分作四辑，每辑所收文献按当时出版时序排列。本次整理，皆按底本影印，以存文献版本旧貌。底本原文或有舛错，本次整理未予订正，如伦理学（斯宾挪莎著，伍光建译）第一册第十一题目录作『神或本质原为无限属性所备造而成者而每一个属性则是发表永恒及无限然则神或本质要素者是必然有者』，但正文却为『神或本质原为无限属性所备造而成者而每一个属性则是发表永恒及无限然不神或本质要素者是必然有者』，虽神与不神仅一字之差，但意迥然不同；又如日本元良勇次郎著伦理学第二十四章目录作『纳税兵役之义务』，而正文却为『国家伦理　纳税与兵役之义务』，差异明显。此外，底本皆为繁体中文，本次整理，唯前言、目录及书眉等整理文字，为适宜今人阅读，皆作简体中文。特此说明。

前言

李义天

中国有着悠久的伦理文化传统与伦理思想传统。自先秦、经汉唐、至明清，前人先贤围绕善恶、是非、义利、廉耻等问题展开的讨论及其形成的知识成果，为我们留下了丰厚的文化遗产与思想资源。在这个意义上，作为一门学问的伦理学，在中华学术谱系中始终存在。然而，作为一门学科的伦理学，对于中国学术来说，却是一件近代以来才发生的事情。

学问的确立可以是学者个人的成就，但学科的确立却与学术制度的转型、学术形态的自觉，以及学术背景的更替密切相关。这些方面都必须在近代中国社会的语境中得到理解。具体而言：

其一，作为一门学科的伦理学，奠基于近代教育制度和教育体系的发展。正是在近代教育制度和教育体系（尤其是大学教育体系）的『学科化』进程中，细密的学科划分逐渐形成，清晰的学科意识逐渐确立。由此，学者对知识的探讨，不再意味着单纯的研究，而是建制上的学科建设。对近代中国学人而言，『伦理学』概念的出现以及学科的形成，正是近代中国在文明碰撞之间吸纳、改造近代教育体系及其学术制度的现实产物。

其二，作为一门学科的伦理学，不仅需要具备专门的研究题材与研究方法，更要有针对这些题材与方法的自觉总结和反思。因此，仅仅探讨有关善恶的问题、论证关乎善恶的要求，或许能够形成伦理学学问的主要框架，但不足以构成伦理学学科的完整内容。作为学科的伦理学，还必须在探讨和论证具体命题的基础上，对其背后的理由与方法加以提炼与批判。要做到这一点，则必须梳理、评析已有的观点与路径。在这个意义上，近代中国学人对伦理学方法论和伦理学思想史的研究自觉，乃是这门学科在近代中国初步成型的必要条件。

其三，作为一门学科的伦理学，无论是涉及教育体系与知识门类的『学科化』，还是涉及研究方法与思想历程的『自觉化』，都必须置于中国与世界交往的近代语境中来理解。在『作为学问的伦理学』向『作为学科的伦理学』的转变过程中，近代中国学人对西方伦理史籍的大规模翻译、对当时国外学界新近文献（尤其是思想史著作）的批评性介绍，以及他们立足本土而展开的系统阐释与重构，无疑是最重要的内在动力。这些动力及其带来的转变，恰恰是在近代中国的特定历史背景下，作为一系列近代事件而发生的。

因此，要理解作为一门学科的伦理学在中国的起步与发展，就必须对近代中国伦理学的理论实践加以关注。其中，最为基础的一项工作便是对当时研究和译介的基本文献进行搜集、整理与汇编。可以说，只有做好这项工作，我们才能印证中国伦理学学科所具有的近代性质，才能描述中国传统伦理思想向现代人文学科范式的转变过程，才能理解过去一百五十年间中国伦理学发展的曲折与波动，也才能帮助我们在此基础上推进当代中国伦理学的学术研究与学科建设。作为历史资料，这些近代文献对于直面历史、正视历史并希望能从历史中汲取经验的每一位伦理学人来说，都是无法忽视和规避的。

基于上述考虑，我们从二十世纪上半叶的相关文献材料中，择取了三十余部作品，分作四辑，每辑依其出版年序加以汇编整理。根据题材类型，它们大致被分为四类：

（一）史籍类。主要包括近代中国学人对西方伦理思想若干重要文献的翻译作品。它们可以映射出，当时的中国伦理学人在面向西方伦理思想时所采取的关注视角与选择范围。

（二）史论类。主要包括当时具有一定影响的伦理思想史研究著作。就内容主题而言，其中既有关于西方伦理思想史的研究，也有关于中国伦理思想史的研究；就出版类型而言，既有中国学者的原创研究，也有对同时期外国学者的成果译介。它们可以展示出，当时的中国伦理学人所接受的伦理思想史框架及其主要线索。

（三）著述类。主要包括近代中国学人对伦理学基本问题的思考和阐发。其中不仅含有一些导论性、概论性作品，也涉及一些基于特定立场或针对特定领域的研究专著。它们可以反映出，当时的中国伦理学人对伦理学整体或其分支的基本判断和理解深度。

（四）讲稿类。主要包括当时使用的若干伦理学讲义或教材。同样地，这一部分也是既包括中国学者或教育者的作品，也包括当时翻译过来作为教材或教学资料使用的文本。它们可以体现出，当时的中国伦理学学科教育所涉及的大致范围和程度。

值得特别强调的是，作为近代中国的思想文献，其在内容和表述上不可避免地存在这样或那样的历史局限。如今看来，其中有些说法和论证并不恰当甚或错误。但是，这也恰好体现了伦理学作为一门人文学科所无法摆脱的历史性与经验性，也再次证明了唯物史观关于道德学说在根本上受制于社会发展这一判断的有效性与正确性。因此，基于对历史事实的尊重，我们最大限度地将这些文献循其原貌，汇编成册，影印出版。我们期待，当代学人不仅能够抱着历史的眼光去认真地观察和理解它们，更能抱着历史的眼光去严肃地批判与剖析它们。只有这样，当代中国的伦理学研究才更可能去粗取精、去伪存真，也才更可能自成一体，贯通古今，奔向未来。

壬寅春于清华园

倫理學體系

自序

道德是一個社會的神經系統，牠不但可使每個社會份子各安其所，而且可使每個社會份子各盡其應盡的使命；好像身體神經不但可使身體各部份互相聯絡，而且可使身體各部份發生其應有的作用一樣。因道德為一個社會的神經系統，所以一個社會的秩序治亂、人心振靡，均視其有無道德以為斷。因一個社會的秩序治亂、人心振靡，均視其有無道德以為斷，所以欲復興民族必先復興道德。　蔣主席在中國之命運中，不但以倫理建設為今後建國工作重心之一，而且以其為各項建設之起點，可謂獨具卓見。

欲使倫理建設能夠順利完成，或民族道德能夠真正復興，必須致力於倫理研究。因必須有倫理研究，然後才能確立善惡標準。善惡標準確立以後，才能樹立共同是非。有共同是非，然後才能使個人行動有所準繩，使社會建設有所依據。否則各是其是，各非其非，所謂倫理建設或道德復興便不可能。因此為善必先知善，而倫理研究亦為倫理建設之基礎。

因倫理研究為倫理建設之基礎，所以古今各國對於倫理研究無不特別注重：如中國數千年來幾以道德問題為哲學研究之中心，歐洲歷來大哲亦無不以行為指導為其研究的終極目的。因中西各國均注重道德問題研究，所以倫理學著作真足汗牛充棟（參考附錄一、二）。但道德是以維持民族社會共同生活為目的的。而各個民族所具的特性既不相同，各個社會所處的時代尤復相異；因此各個民族和各個時代的道德亦不能一致。因各個民族和各個時代的道德不能一致，所以先人和外人倫理著作雖多，僅能供吾人研究參考，不能為吾人行為指導。因此現代倫理建設或道德復興有待於新倫理學之建立。

但國人關於新倫理學的著作異常稀少（參考附錄一、Ⅱ）。而且這些稀少的著作，或僅研究道德理論，或僅討論道德規律；極少能將道德理論與道德規律作有系統的研究；不是無頭，便是缺足。而研究道德理論的人，又或僅介紹西洋倫理學說，或僅敍述中國倫理思想，甚少能將中西倫理學說作綜合的介紹與檢討。至於討論道德規律的人，又多以個人感覺爲依據，極少能樹立一個善惡標準，再由這個標準將各方面行爲作整個的分析。這種偏缺不全的新倫理學，自不能爲倫理建設的基礎。目前社會混亂、人心浮靡，新倫理學說的缺乏不失爲原因之一。

本書係爲彌補這種缺乏，或適合目前需要寫的：牠不但將各方面道德問題作有系統的研究；而且在消極方面將古、今、中、西倫理學說作一個綜合的介紹與檢討，以明其不適合中國民族性，或違背二十世紀時代潮流；在積極方面由研究道德起源以確定善惡標準，再依這個善惡標準敍述各種合乎道德或理想的人類行爲，以及各方面合乎道德或理想的社會制度，以指示今後倫理建設之途徑。因本書將各方面道德問題作有系統的研究，所以名爲倫理學體系。同時因其指示今後倫理建設之途徑，所以又名爲中國道德之路。道德建設爲整個新中國建設之一方面，所以本書係接着拙著中國之路寫的。因本書係接着中國之路寫的，所以兩書有不少關連之處。

本書原稿曾對國立中央大學師範學院公民訓育系、教育系學生數度講授。課間常作討論，各同學意見對本書形成頗多裨益。惟以參加討論人多，無從題名誌謝。本書在付印以前蒙中央政治學校同學張國銓、汪棟材、胡健初等同學冒暑抄稿；及孟雲橋、張天澤、范希衡諸先生詳加校閱，並多所指正，均至爲心感！又內子翠心對於本書完成亦有不少直接或間接的幫助，一併於此誌謝！

汪少倫　民國三十二年十一月於中央政治學校教務主任室。

目次

第一篇　道德起源與背景
第一章　緒論
第一節　倫理學的意義及其性質……一
第一目　倫理學的意義……一
第二目　倫理學的性質與重要……三
第二節　倫理學在學術系統中的地位及其與各方面學術的關係……六
第一目　倫理學在學術系統中的地位……六
第二目　倫理學與各方面學術的關係……一〇
第二章　道德起源
第一節　道德客觀起源或道德需要……一六
第一目　社會共同生活必需道德以維持……一六
第二目　民族社會尤需要道德……一七
第二節　道德主觀起源或人類選擇自由……二一
第一目　人類具有選擇自由……二一
第二目　關於決定主義與不決定主義的述評……二四

第三章　道德背景
第一節　道德時代背景或道德的時代性……二八
第一目　民族之演進……二八
第二目　民族演進與道德變遷……三〇
第二節　道德民族背景或道德的民族性……三二
第一目　各國民族性之不同……三二
第二目　各國民族性與各國道德……三五
第二篇　道德理論
第四章　過去道德理論派別的成因及其分類
第一節　過去道德理論派別的成因……三九
第一目　客觀成因……三九
第二目　主觀成因……四〇
第二節　過去道德理論派別的分類……四二
第一目　歷來道德理論派別的分類及其檢討……四二
第二目　合理的道德理論分類……四五
第五章　極端人爲主義的道德理論
第一節　性惡主義的內容與批評……四八

第一目　性惡主義的內容……四八
第二目　性惡主義的批評……九〇
第二節　爲我或自私主義的內容與批評……五二
第一目　爲我或自私主義的內容……五二
第二目　爲我或自私主義的批評……五四
第六章　適當人爲主義的道德理論
第一節　理智主義的內容與批評……五九
第一目　理智主義的內容……五九
第二目　理智主義的批評……六三
第二節　快樂主義與功利主義的內容與批評……六六
第一目　快樂主義與功利主義的內容……六六
第二目　快樂主義與功利主義的批評……六八
第三節　意志主義的內容與批評……七一
第一目　意志主義的內容……七一
第二目　意志主義的批評……七三
第四節　性善惡混主義的內容與批評……七五
第一目　性善惡混主義的內容……七六
第二目　性善惡混主義的批評……七八

第七章　自然人爲主義的道德理論
第一節　性善主義的內容與批評……八一
第一目　性善主義的內容……八一
第二目　性善主義的批評……八四
第二節　兼愛與爲他主義的內容與批評……八六
第一目　兼愛與爲他主義的內容……八六
第二目　兼愛主義與爲他主義的批評……八九
第八章　消極主義的道德理論
第一節　自然主義的內容與批評……九二
第一目　自然主義的內容……九二
第二目　自然主義的批評……九三
第二節　悲觀或出世主義的內容與批評……九六
第一目　悲觀或出世主義的內容……九六
第二目　悲觀或出世主義的批評……九八
第三節　超脫主義的內容與批評……一〇〇
第一目　超脫主義的內容……一〇〇
第二目　超脫主義的批評……一〇二
第九章　整體主義的道德理論

第一節 直覺主義的內容與批評……一〇五
第一目 直覺主義的內容……一〇五
第二目 直覺主義的批評……一〇八
第二節 國家主義的內容與批評……一一〇
第一目 國家主義的內容……一一〇
第二目 國家主義的批評……一一二
第三節 民族主義的道德理論……一一三
第一目 民族生存與自由應爲善惡判斷的最高準則……一一四
第二目 民族生存與自由與個人的各種慾望大多一致……一一六
第三篇 道德規律
第十章 道德規律之意義及其分類
第一節 道德規律之意義及其重要……一二一
第一目 道德規律之意義……一二一
第二目 道德規律之重要……一二三
第二節 道德規律之分類……一二四
第一目 過去道德規律分類的檢討……一二四
第二目 現代應有的道德規律分類……一二八
第十一章 實現自我生存與自由以實現民族生存與自由的基本道德規律

第一節　關於身體方面基本道德規律……一三一
第一目　身體之意義及其重要……一三一
第二目　應儘量保存身體……一三二
第三目　應儘量鍛鍊身體……一三四
第二節　關於心靈方面的基本道德規律……一三六
第一目　心靈之意義及其重要……一三六
第二目　應發展理性……一三八
第三目　應指導感情……一四〇
第四目　應調養意志……一四二
第十二章　實現自我生存與自由以實現民族生存與自由的特殊道德規律
第一節　創造……一四五
第一目　創造之意義及其重要……一四五
第二目　關於創造的道德規律……一四七
第二節　享受……一五〇
第一目　享受之意義及其重要……一五〇
第二目　關於享受的道德規律……一五二
第十三章　實現民族生存與自由以實現自我生存與自由的基本道德規律
第一節　對同胞身體方面的道德規律……一五五

第一目　同胞身體之意義及其重要……一五五
第二目　對同胞身體方面的道德規律……一五六
第二節　對同胞心靈方面的道德規律……一五八
第一目　同胞心靈之意義及其重要……一五八
第二目　對同胞心靈方面的道德規律……一五九
第十四章　實現民族生存與自由以實現自我生存與自由的特殊道德制度與規律
第一節　家庭中的道德制度與規律……一六二
第一目　家庭之意義及其重要……一六二
第二目　家庭中的道德制度與規律……一六四
第二節　學校中的道德制度與規律……一六七
第一目　學校之意義及其重要……一六七
第二目　學校中的道德制度與規律……一六八
第三節　社團及友誼中的道德制度與規律……一七一
第一目　社團中的道德制度與規律……一七一
第二目　友誼中的道德規律……一七三
第四節　國家中的道德制度與規律……一七五
第一目　國家之意義及其重要……一七五

第二目　國家中的道德制度與規律……一七六
第五節　經濟中的道德制度與規律……一八〇
第一目　經濟之意義及其重要……一八〇
第二目　經濟中的道德制度與規律……一八二
第六節　學術與藝術中的道德制度與規律……一八六
第一目　學術中的道德制度與規律……一八六
第二目　藝術中的道德制度與規律……一九〇
第七節　民族道德與人類道德……一九二
第一目　民族與人類之真實關係……一九二
第二目　民族道德與人類道德之關係……一九四
附錄一　倫理學重要中文書籍……一九七
附錄二　倫理學重要西文書籍……二〇一

倫理學體系

第一篇 道德起源與背景

第一章 緒論

第一節 倫理學的意義及其性質

第一目 倫理學的意義

每種學問都有其一定的對象、目的與方法。各種學問的目的與方法大都相同，最不同者厥爲對象。因此各種學問的名稱既多由其對象以決定——如研究地層現象的學問名爲地質學，研究物質現象的學問名爲物理學，研究經濟現象的學問名爲經濟學之類；而欲瞭解某種學問之意義亦應由其對象着手。倫理學所研究的對象爲道德現象。所謂道德現象就是某個社會爲充分實現其本身與其份子的生存與自由所形成的各種善惡觀念及行爲規律。這些善惡觀念與行爲規律不但可以脫離某個個人而自立，而且對於每個個人有極大的拘束力。倘使違反，不受國家懲罰，便受輿論制裁。甚且此種善惡觀念與行爲規律印入人心，形成一種良心(Conscience)。此種良心儼似我中的超我。此種我中的超我不但對於他人的行爲細加偵察，嚴格批評；而且對於我們自己的行爲亦時時加以監視：在行爲未發生以前，常給以警告，促其避惡爲善；在行爲完成以後，則加以判斷。倘使判斷爲善行，則給以稱讚；倘使判斷爲惡行，則加以譴責。此種良心譴責，普通稱之爲懺悔。因此道德現象不但和政治現象、經濟現象、藝術現象等一樣眞實，而且極其普遍。吾人一舉一動既離不開道德判斷，社會各種活動無不帶有道德色彩。因此道德一方面滲透於各方面文化之中，另一方面又自成一個世界——道德世界，或善的世界。

這個道德或善的世界，普通又稱之為習俗（個人習慣與社會風俗）。

因倫理學所研究的對象為人類社會的習俗，所以近代有些學者還名其關於道德問題的著作為習俗玄學（Kant；Metaphysik de. Sitten）或習俗科學（Levy-Bruhl：La morale et la Science des moeurs）。至西文的Ethics本由希臘文的ἦθος與ἔθος而來。前者表示性格（Character），後者表示風俗（Custom）。因此Ethics亦為性格與風俗，或簡稱習俗之學。至中文譯之為倫理，則取其研究人倫道理之義。人倫又稱倫常，實即人類關係。人類關係多由習俗以決定，因此倫理學與希臘文本義大致相同。同時西文道德(moral)來自拉丁文的mores，原義即指風俗；其單數mos即指習慣。因此倫理學西人又或稱為道德哲學（Moral Philosophy）。此名目前亦頗通行。

但一個社會的習俗和一個社會的語言一樣，多形成於不知不覺之間；幾乎每個份子均為其無意識的創造者，亦幾乎每個份子均為其無意識的支持者。因此習俗多缺乏理性。因為習俗多缺乏理性，所以有時有些習俗已不合時宜，倘不加以批評，即無從淘汰；有時有些習俗迫切需要，倘不加以提倡，即不能發生力量。因此各種習俗需加以理性的研究：一方面由一個最高標準嚴格批評，以淘汰其不合時宜者；另一方面由同一標準，詳細說明，以提倡其迫切需要者。因此倫理學之最高目的，即在用理性研究道德現象或社會習俗，以明瞭其起源與背景，以確定其最高原則或標準，以釐定其詳細內容或規律。此種道德規律（Moral law）與自然規律（Natural—w）雖稍有不同：其著者如自然律含有絕對性與必然性，個人對之毫無選擇可能。道德規律則缺乏此種絕對性與必然性，因此人類對於道德律的遵守可以選擇。不過道德律與自然律雖有不同，性質仍多相似：即人類對於道德律雖可遵守自擇，但選擇不同，其結果亦異：擇善必得善果，擇惡必得惡果，即亦含有因果性質。因為道德律與自然律大致相同，所以倫理學的目的與其他科學的目的亦大致彷彿，即均在求規律或法則(Law)。

因倫理學和其他科學的目的大致相同，所以倫理學的方法和其他科學的方法亦多一致。一般科學的基本方法不外歸納（Induction)與演繹(Deduction)。必須由歸納才能瞭解所研究的現象，必須由演繹才能推出未知的事實。因此兩種方法好像呼氣與吸氣一樣，完全不可分離。倫理學尤必須兼用這兩種方法。蓋無歸納無從確定道德起源與標準，無演繹無由推出各種道德規律。過去有些倫理學家或主張只用歸納方法，其著者如法國的列維卜玉（Levy-Brühl），或主張只用演繹方法，如德國的康德（Kant），皆屬一偏之見。因此倫理學或道德哲學可簡稱爲用歸納與演繹方法研究道德現象以確定善惡標準與行爲規律的學問。因倫理學的目的在確定善惡標準與行爲規律，所以倫理學富於實用性質，玆另目論之於后。

第二目 倫理學的性質與重要

倫理學普通多列爲實用科學（Practical Science），以示與理論科學（Theoretical Science）之爲眞理而研究眞理者大不相同。此種看法並不十分正確。實際上各方面文化均爲人類創造的結果。人類之所以創造文化係爲着實現其本身的生存與自由，所以各方面文化均爲實現人類生存與自由的工具，並非本身自爲目的。學術爲文化的一方面，當然不能例外。所以各方面學術無不以實用爲目的：如天文學知識多用於曆數，地質學知識多用於採礦，理化科學知識多用於工程與工業，生物學知識多用於農業與醫術，心理學知識多用於教育，法律學知識多用於司法，經濟學知識多用於經濟建設，事實昭著，固無待論；即號稱最理性的科學如數學，亦多由數量自身關係的研究應用到自然界數量關係的說明，如數學對天文學及物理學的應用；自命爲最抽象的學問如玄學，亦多應用到實際人生（如人生觀之確定）；甚至於以純理論著稱的知識論亦多成爲方法學的基礎（如理性論與演繹法，經驗論與歸納法）。至有些科學目前尚未充分應用者（如社會學、政治學等），實因其本身尚未成熟，不能應用，并非不期實用。因此所有的「知」都是爲着「行」，所有的學術都可稱爲實用科學。此種「知」爲着「行」的關係復可由各種科學之發生以證明：根據學術發生的歷史，可以知道，各方面學術均由實用以產生：如哲學之產生係爲着解決人生問題，數學之產生係爲着計算與測量，物理學之產生係爲着建築，化學之產生係爲着冶金，政治學之產生係爲着改良政治組織，經濟學之產生係爲着確定關稅政策……。但以各方面學術發展極速，個人精力有限，不能隨之并進，於以發生學術分工。由於學術分工，一部份人可以側重研究理論；如是研究地質學的人不一定研究採礦，研究理化的人不一定研究工程或工業，研究生物學的人不一定研究農業或醫學，研究玄學的人不一定確定人生觀，研究知識論的人不一定研究方法學……。至研究倫理學的人，勢不能不研究人生應有行爲。人生行爲關於實際行動。就這方面講，倫理學與其他理論科學亦稍有區別。

不過倫理學雖與其他理論科學稍有區別，或偏於實用性質，但其所釐定的各種道德規律仍多屬於原則。各人可將此種原則創造式的應用於各種不同的環境。過去有些民族將道德行爲列成死板條文：如中國古代的禮記、周禮與儀禮，歐洲中世紀的行爲術(Casnistry)，則不但消滅個人的創造性，而且其本身以過於拘泥現實，不能行遠與傳久。所以倫理學雖爲實用科學而與應用科學(Applied Science)或技術(Technics)如農、工、醫學等完全不同。其不同的地方即在於應用科學只有死板法則而無活用原則。換句話講，他們只有行的部份而無知的部份。因爲這種關係，所以學工程的人一定要學物理學，學農、學醫的人一定要學生物學……。

由於學工的人一定要學物理學——尤其是力學，學農的人一定要學生物學——尤其是植物學，學醫的人一定要學生理學——尤其是解剖學，……。可以知道，「知」雖爲着「行」，「行」亦離不開「知」。「行」之所以然離不開「知」，就是因爲宇宙間各種現象之變遷多依一定之法則，其著者如因果律 (Causal Law)。根據因果律，某種原因必然地產生某種結果：如合二份氫一份氧一定成水，水冷到攝氏零下四度一定結冰，水熱到攝氏一百度一定變汽。任何地方，任何時代，絕無例外。因爲宇宙間各種現象變遷多循因果法則，所以我們要想得到某種果，可先造成某種因；好像要醫瘧疾，可吃奎寧；要醫梅毒，可打六〇六……。同時我們要想控制果，一定要先瞭解因。例如我們要想使飛機能在空氣中飛行，一定要知道氫氣比空氣輕。要想使軍艦能在海上行駛，一定要先知道水的密度高於空氣……。此種因的瞭解即普通所謂的知或知識。因此對於因的瞭解愈正確，對於果的控制亦愈有把握，而人類的行動亦愈經濟，愈有效率。所以在力學尚未發明以前，雖亦有偉大的建築，如中國的萬里長城，埃及的金字塔；但不知道濫費多少人力、材料與時間！

因爲「行」必須先「知」，所以我們要想爲善，一定要先知善。知善而爲的善，才能謂之眞正的善。否則偶然的善行等於偶然的錯誤。偶然的錯誤既不能認爲錯誤，而加以懲罰；則偶然的善行自亦不能認爲眞正的道德，而加以稱讚。同時知善的人雖不一定完全爲善，但究多於不知善的人。蘇格拉底(Socrates)謂罪惡多由於無知識，雖非完全正確，實有一部份眞理。因爲知善多能爲善，所以道德實如蘇格拉底與柏拉圖(Plato)等所謂，是可以教誨的東西。至叔本華(Schopenhaur)謂道德不可教誨，好像天才不可教誨一樣，則係不合事實。道德既可教誨，則倫理學自然重要。茲進而研究倫理學在學術系統中的地位及其與各方面學術的關係。

本節參考書：

1. 張東蓀：道德哲學，第一章；
2. 溫公頤編譯：道德學，第一章；
3. 景昌極：道德哲學新論，第一章；
4. 北澤定吉：倫理學史綱，第一章；
5. 大島政德：倫理學講義，第一章；
6. J. S. Mackenzie: A manual of Ethics, ch. I.;
7. J. H. Muirhead: The Elements of Ethics, ch. I. II;
8. J. Dewey and J. H. Tufts: Ethics, Introducton;
9. Th. De Laguna: Introduction to the Science of Ethics, ch. I;
10. J. H. Hyslop: The Elements of Ethics, ch. I;
11. G. E. Mocre: Principia Ethica, ch. I;
12. H. Rashdall: The Theory of Good and Evil, Book I. ch. I·Book Ⅲ ch. Ⅴ;
13. W. Wundt: Ethics, vol. I. Introduction;

14 Fr. Paulsen: System der Ethik, Einleitung;
15 H. Hoffding: Ethik, 1922, I-IV;
16 A. Bauer: La Conscience Collective et la morale, ch. I。

第二節　倫理學在學術系統中的地位及其與各方面學術的關係

第一目　倫理學在學術系統中的地位

要說明倫理學在學術系統中的地位，必先研究學術分類。學術分類已有很長的歷史。但學術隨時間的演進而發展，好像個人隨時間的演進而生長。因學術隨時間的演進而發展，所以過去的分類卽使美備亦不能適用於今日，好像童服不能適合於成人一樣。

要使學術分類能夠合理，必須有個正確標準。過去分類標準極不一律：中國過去經、史、子、集四部的分法，完全以學術的重要程度為標準，如經重於史，史重於子，子重於集之類。亞里士多德（Aristotle）依學術的目的分全部學術為三大類：卽理論哲學（Theoretical Philosophy）包括物理學、數學與神學；實用哲學（Practical Philosophy）包括倫理學、經濟學與政治學；與應用哲學（Poietical Philosophy）或工程學（Technology）。培根(Bacon)依學術創造的來源亦分學術為三大類：卽記憶的科學，如歷史；想像的科學，如詩學；理性的科學，如神的哲學、自然哲學與人生哲學。孔德(Comte)就各方面學術依賴的關係，分全部學術為數學→機械學→天文學→物理學→化學→生物學→社會學。斯賓塞爾(Spencer)就各方面學術研究對象的性質分全部學術為抽象科學，包括邏輯學與數學；抽象具體科學，包括機械學、物理學與化學；具體科學，包括天文學、地質學、生物學、心理學與社會學。溫德(Wundt)就各方面學術所研究的對象與方法，先分全部學術為哲學與科學兩大類。哲學之下就對象分為論理學與玄學；科學之下就對象分為數學、自然科學與精神科學。自然科學之下，再就方法分為現象的自然科學，包括物理學、化學與生物學；發生的自然科學，包括宇宙論與地質學；系統的自然科學，包括天文學與地理學。精神科學之下，亦就方法再分爲現象的精神科學，即心學；發生的精神科學，即歷史學；系統的精神科學，即法律學與宗教學。

這些分類標準均不十分正確：如各方面學術均由人類需要以產生，對於人生均屬有用。謂爲重要，謂爲次要，不易客觀決定。所以中國過去以重要的程度爲學術分類標準，極不合理。上面已經講過，所有學術的目的均在確定法則（Law），所有學術的性質均爲實用，因此亞理士多德所根據的分類原則亦不妥當。現代構造（Struktur）或精神科學的心理學已經證明，人類心靈爲不可分割的一體，極難斷定何種學術爲某部份心靈的產品，因此培根分類的標準亦不能認爲合理。至整個宇宙現象實爲矛盾和諧的一體。因整個宇宙現象爲矛盾和諧的一體，所以研究各部份現象的學術亦多有互相依賴的關係。孔德認各方面科學只有片面依賴關係，並不合乎事實。各方面學術區別最眞實、最明顯者厥爲其所研究的對象，因此斯賓塞爾與溫德所根據的標準，較之前人已大有進步。不過斯賓塞爾不根據對象的本身，而根據對象的性質，實有未妥。因對象的本身均爲宇宙間的現象，而宇宙間的現象實不易斷定何爲抽象，何爲具體：例如數學之對象普通均認爲抽象，但根據密爾（St. will）意見，所有數學觀念均有具體現象爲基礎，如算術量之根據實物多少，幾何量之根據測量面積。同時自然科學之對象普通均認爲具體，但根據觀念論者的見解，吾人所見到的自然界實不過爲吾人腦海中之觀念，即亦爲抽象。抽象與具體既不易區別，所以斯賓塞爾所根據的分類原則，亦不十分妥當。溫德先就對象分全部學術爲哲學與科學，哲學之下分爲論理學與玄學，科學之下再分爲數學、自然科學與精神科學均甚正確。惟在自然科學與精神科學之下忽又就方法分爲現象、發生與系統，不但前後不能一致，而且如前面所講，各方面科學所用的特殊方法雖微有不同，如哲學比較偏重理性或演繹方法，自然科學比較偏重經驗或歸納方法；但二者實如呼氣與吸氣之不可分，即各方面學術所用之方法大致相同，所以溫德第二個分類不能合用。

各方面學術區別最眞實、最明顯者既只有對象，所以學術分類應以對象爲最高幷唯一的根據。玆就對象先分全部學術爲哲學與科學兩大類：前者以整個宇宙現象爲其研究對象，後者以某一部份現象爲其研究對象。但現代哲學爲分工起見，除認識論與玄學仍研究整個對象外，亦有研究部份現象之哲學，其著者如數理哲學、自然哲學、人生哲學（包括民族哲學）、文化哲學（包括歷史哲學）。文化哲學之下更分教育哲學、語言哲學、道德哲學或倫理學、政治哲學、法律哲學、經濟哲學、學術哲學或廣義的論理學、藝術哲學或廣義的美學、宗教哲學等。不過這些特殊哲學雖研究某一部份現象，但多如赫柏林（Haberlin）所謂：「哲學家在個體中觀察整體，在整體中觀察各個體之關係」，實際上仍離不開整體。科學之下再分爲數學；自然科學，包括天文學、地質學、地理學、物理學、化學、生物學等；人的科學，包括人種學、民族學、心理學、社會學等；文化或歷史科學，包括教育學、語言學、法律學、經濟學、藝術學、宗教學等。哲學與科學雖研究的對象大小不同，但互相不可分離。蓋哲學必須由科學以獲得真實材料，科學必須由哲學以得到方法根據與最高綜合。倘使哲學脫離科學則成爲無根之樹，自然無法繁榮；科學脫離哲學則成爲無頭之鳥，根本不能發生作用。因此學術構成一整個系統。以圖表之如下：

由下表系統中可以知道倫理學爲文化或歷史哲學中的一種，與政治哲學、法律哲學、藝術哲學或美學佔平等的地位。

倫理學既爲整個學術系統中的一種，所以倫理學與各方面學術均具有相當關係，茲研究之于后。

第二目　倫理學與各方面學術的關係

哲學雖有一般部門（General Discipline）與特殊部門（Special Discipline）之分，但特殊哲學部門多於個體中觀察整體，卻無形中亦以整個宇宙現象爲其研究對象。因各方面哲學均以整個宇宙現象爲其研究對象，所以各方面哲學構成不可分離的一體。因各方面哲學構成不可分離的一體，所以倫理學與各方面哲學均有相當直接與間接關係。其最密切者當推文化或歷史哲學、人生哲學、玄學、知識論等。

文化哲學（Philosophy of civilisation）研究各方面文化之關係，歷史哲學（Philosophy of History）研究文化發

展之法則。道德現象不但為整個文化之一方面，而且與各方面文化相參合。因此文化哲學與歷史學的研究範

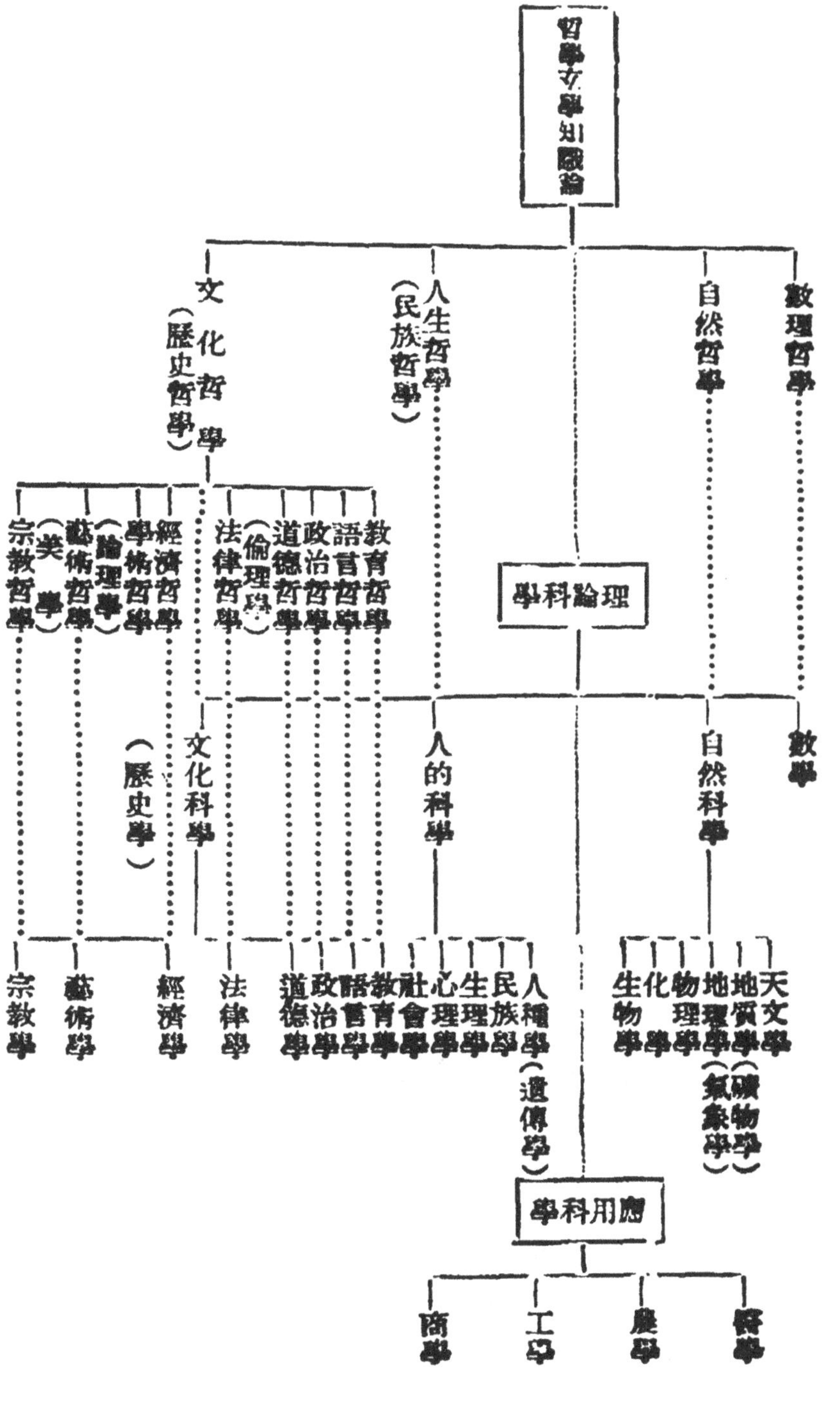

不關涉道德問題，而各種文化與歷史哲學的學說亦多影響道德學說：主張唯物史觀的哲學家一定要用經濟眼光去說明道德，如馬克斯(K.Marx)；主張觀念史觀的哲學家一定要用論理眼光去觀察道德，如赫格爾(Hegel)。

人生哲學(Philosophy of life)之目的在研究人生之究竟或目的。倫理學之目的，如前所論，在研究道德現象，確定道德標準與規律，以指導人類行爲。道德規律必須與人生究竟或目的相符合，然後始有正確根據，然後才能發生真實效力。所以倫理學決離不開人生哲學。但倫理學雖離不開人生哲學，並不等於人生哲學。有些人欲以人生哲學代替倫理學，實屬極大錯誤。

玄學(Metaphysics) 之目的在研究整個宇宙之本質，發展或究竟。人爲宇宙萬物之一種，所以宇宙究竟決定人生究竟。宇宙究竟決定人生究竟，所以人生哲學離不開玄學。人生哲學離不開玄學，倫理學又離不開人生哲學，所以玄學與倫理學發生間接關係。

知識論(Epistemology)之目的在研究人類知識之能力、來源與本質。倫理學之目的在確定道德標準與規律。道德標準與規律，如上所論，必須符合人生目的或究竟，人生目的或究竟必須根據宇宙本質或究竟。欲瞭解宇宙本質或究竟，必先研究吾人認識能力。倘使如懷疑論者所謂，吾人根本無認識外物之可能，則一切玄學學說均不能成立。因此知識論對於倫理學亦有相當關係。

過去重要倫理學的著作多於有形或無形中由某種特殊知識論、玄學、人生哲學以歸結於倫理學：舉其著著，如斯賓洛沙(Spinoza)的倫理學(Ethics)，康德(Kant)的實用理性批評(Kritik der Praktischen Vernunft)，格林(Green)的倫理學緒論(Prolegomena to Ethics)等，更是爲倫理學與各方面哲學聯繫的證明。

以上所論各哲學部門多爲倫理學所根據，所以其關係多爲片面的。卽知識論、玄學、人生哲學、文化或歷史哲學等可以影響倫理學，而倫理學不能影響人生哲學、玄學與知識論。除此種被決定的關係以外，尙有與倫理學發生決定或依賴關係的哲學部門，其重要者如教育哲學、政治哲學、法律哲學、經濟哲學等。

教育哲學(Pehilcsophy of Education)之目的在研究教育之理想及其實施原則。教育理想在造就理想的人。

理想的人即為有道德的人。所以教育哲學必須依賴倫理學。政治哲學(Political Philosophy)之目的在研究政治主權之應有歸屬及其實施原則，政治主權歸屬與政治實施原則必須符合道德原則。所以政治學離不開倫理學。亞里士多德謂倫理學為政治學(Politics)之一部份；無寧謂政治學為倫理學之一部份。中國過去政治思想多根據倫理思想，可為證明（如儒家）。法律哲學（Philosophy of Law）之目的在確定法律之最高原則。法律之最高原則，即普通所謂的義(Justice)。義為基本道德的一種，所以法律實為道德的一部份。叔本華謂：「法律為最低限度的道德」，極有道理。法律既為道德的一部份，部份離不開全體，所以法律哲學必須依賴倫理學。經濟哲學(Economical Philosophy)之目的在確定生存物品生產及分配之最高原則。經濟分配應該合乎道德理想，所以經濟哲學亦多依賴倫理學。

除掉被決定與決定關係以外，尚有與倫理學發生相互關係的哲學部門，其著者如廣義的論理學、美學與宗教哲學：廣義論理學之目的在確定眞的原則，美學之目的在確定美的原則，倫理學之目的在確定善的原則。眞、善、美三者同為希臘人生的三大理想，亦為理想人生的三方面。因眞、善、美三者同為理想人生的三方面，所以倫理學與美學及論理學發生相互關係。過去有些學者由眞理之存在證明道德之眞實，如葛德俄斯(Cudworth)等；有些學者以美學眼光說明道德現象，如夏富伯里(Shaftesbury)，有些學者以倫理眼光評判藝術價值，如中國儒家，均足為倫理學 論理學與美學相互影響之證。宗教哲學(Philosophy of Religion)之目的在研究神祇信仰之意義或價值。神祇信仰本與道德無關，但歷來各民族多利用宗教信仰以維護道德。由於利用宗教維護道德，倫理學內容日漸宗教哲學化，宗教哲學亦日漸倫理學化。因此倫理學與宗教哲學亦發生互相影響。這是倫理學與各方面哲學的關係。

科學之下復分為數學、自然科學、人的科學與文化或社會科學：數學(Mathematics)之目的在研究抽象之數與量的關係。抽象數與量的關係雖與倫理學有些許間接關係，但無直接關係，可以略而不論。至自然科學與倫理學的關係雖不十分密切，但亦非完全沒有。因各種自然科學研究之對象為地面上各種自然現象。地面上各種自然現象構成人類自然環境。自然環境對於人類生活發生種種直接與間接影響，尤其是氣候與物產。孟德斯鳩(Montesquieu)謂各國風俗與法律完全由氣候以決定，雖有些過分，但氣候對於人類行為實有莫大影響，現代各國道德統計，業已充分證明。

至人的科學與倫理學的關係則至為密切。人的科學最主要者有人種學、民族學、生理學、心理學與社會學。人種學(Anthropology)普通分為兩大部份：即身體人種學(Soma-Anthropology)與社會人種學(Social Anthropology)。身體人種學研究各種族(Raccs)身體之特徵，如頭殼大小、皮膚顏色、身材高低之類，與倫理學關係甚少。社會人種學研究各種族之文化，風俗及生活方式等，尤其是低級文化種族。倫理學所研究之對象雖為高級文化種族之風俗，但低級文化種族之風俗不但可供參考，且為研究道德起源及發展之主要資料。因此社會人種學對於倫理學異常重要，觀韋斯特馬克(Westermarck)的道德觀念起源與發展(Origin and Development of moral Ideas)與霍布豪斯(Hobhouse)的道德進化(Morals in Evolution)二書即可知道。

民族學普通又稱人類學(Ethnology)與社會人種學略同，研究各民族——尤其是低級文化民族之社會制度、人情風俗、物質生活方式、精神文化風格等。此種研究與社會人種學相同，亦可供給倫理學各種道德資料，藉以推知道德之起源與發展。因此對於倫理學亦至為重要。

生理學(Physiology)研究人類身體各部份之構造及作用。根據現代心理學研究，身體與心靈有不可分離的關係，所以身體各部份構造健全與否，作用正常與否，對於人類行為有莫大的影響——尤其是內分泌。郎伯羅梭(Lombrosse)謂犯人多為隔世遺傳的結果，即行為完全由生理以決定；雖有些過分，實有極大道理。身體各部份構造與作用既對行為有相當影響，則生理學與倫理學自有相當關係。

心理學(Psychology)研究人類心靈活動。心靈活動為人類行為直接之動機。即各種行為選擇與決定多發生於心靈活動。人類行為既多由心靈活動以決定，則欲指導或影響人類行為不能不瞭解心靈活動。因此英、美倫理學的著作，大多有一部份專門研究心理學，其著者，如格林(Green)的倫理學緒論與馬肯欒(Mackenzie)的倫理學教程(A Manual of Ethics)等。

社會學(Sociclogy)研究人類之結合或關係，社會學所研究的人類結合關係是現實的。倫理學研究社會風俗以確定道德規律。期由道德規律以形成理想的社會關係。所以倫理學與社會學所研究對象的範圍完全相同，所不同者只在對象的性質：即一爲理想的人類關係，一爲現實的人類關係。理想人類關係的樹立不但須參考現實人類關係，而且須根據人類現實關係。因此社會學對於倫理學亦相當重要。

以上這幾門科學對於倫理學的關係和知識論、玄學、人生哲學、文化或歷史哲學等對於倫理學的關係一樣，係片面決定的。至各方面文化或社會科學與倫理學的關係，則爲相互的。倫理學與各方面文化科學關係所以然爲相互的，即因爲文化科學所研究的對象爲文化現象。而文化爲人類所創造，亦以實現人生爲目的。因文化爲人類所創造，所以文化變遷在某種範圍以內可受人類意志之支配，即依照人類目的以變遷。文化科學中與倫理學發生重要相互關係者厥爲教育學、政治學、法律學與經濟學。

教育學研究各方面教育的事實，以求改進教育設施。道德教育或訓育不但爲整個教育的一部份，而且爲其極重要的一部份。倘使道德教育或訓育失敗，則健、知、能各方面無論如何精進，亦不過如虎傅翼，對於社會不但無益，而且有害。道德教育實際上即爲倫理學對於教育的應用。所以研究教育的人，不能不注意訓育，即不能不研究倫理學。反過來講，如前所論，道德是可以教誨的東西。道德既是可以教誨的東西，則欲促進道德理想之實現，自不能不注意於教育——尤其是道德教育或訓育 因此研究倫理學的人亦不能不研究教育學。

政治學研究各方面政治事實，以期改進政治設施。政治設施雖不能如孔、孟、柏拉圖等所主張，完全以道德爲準則，但決定不能漠視道德，尤不能違反道德。政治設施既不能漠視道德，則研究政治學的人自不能不研究倫理學。同時國家爲社會最高的組織，政治活動亦爲領導的活動，所以一個社會的政治組織與活動對于一個社會的道德，有極大的影響——尤其是政治領導者的言行。赫格爾謂國家爲道德理想的實現，實有一部份真理。因政治組織與活動對于道德有極大的影響，所以研究倫理學的人亦不能不研究政治學。

法律學研究各種法律事實，以期改進法律設施。如前所論，法律爲最低限度的道德，卽法律爲道德之一部份。法律既爲道德之一部份，法律學亦可謂爲倫理學之一部份。法律學既爲倫理學之一部份，則研究法律的人自不能不研究倫理學，以期明瞭其全部或最高部份。反之，法律既爲道德之一部份，則研究倫理學的人亦不能不研究法律學，否則便不能瞭解道德現象之最低或最基礎的部份。

經濟學研究各種經濟事實，以期增加生產，合理分配。經濟生產必須適應自然環境，本身具有發展規律，不能完全由人類選擇決定。經濟分配既可由人類選擇決定，則應如道德社會主義派所主張以道德爲準則。否則便不能謂之合理。經濟分配既須以道德爲準則，則研究經濟學的人自不能不研究倫理學。同時經濟生活爲人類最基本的生活——生存。因經濟生活係人類最基本的生活，所以經濟生活雖非如馬克斯所謂，決定其他一切生活，如政治生活、道德生活、知識生活、藝術生活等，却有相當影響。管子謂：「衣食足然後禮義興」，雖含有法家重法輕德的色彩，却有一部份道理。因經濟生活可以影響道德生活，所以研究倫理學的人亦不能不研究經濟學。這是倫理學與各方面學術的關係。

倫理學雖與各方面學術均有密切關係，但其主要使命仍爲研究道德現象，以確定其最高原則與應有規律。但欲確定道德最高原則，不能不先研究道德起源。玆另章論之於後。

本節參考書：

1. 溫公頤編譯：道德學，第二章；
2. 景昌極：道德哲學新論，第一章；
3. R.Flint; History of the classification of Sciences;
4. J. S. Mackenzie: A Manual of Ethics, ch II;
5. J. H.Muirhead: The Elements of Ethics, ch. VI;
6. Elwood: The Sociological Basis of Ethics, International Journal of Ethics, vol. 7, P 19,

7. Garner: Political Science and Ethics, International Journal of Ethics, vol. 17. p. 194;
8. Mciver: Ethics and Politics, International Journal of Ethics, Vol. 20. P. 72;
9. Hibben: The Relation of Ethics to Jurisprudence, International Journal of Ethics, vel, 4, P. 133;
10 Devas; The Relation of Economics to Ethics, International Journal of Ethics, vol, 7. P, 191;
11 Mackenzie; The Relation Between Ethics and Economics, International Journal of Ethics, vol, 3, P. 281;
12 Tillich; Das system der Wissenschaft ;
13 P. Oppenhaimer; Die Naturliche Ordnung der Wissenschaften ;
14 Goblot; Le systeme des Science。

第二章　道德起源

第一節　道德客觀起源或道德需要

第一目　社會共同生活必需道德以維持

前面曾經講過，道德現象不但異常真實，而且異常普遍。此種異常真實，異常普遍的道德現象對於個人有極大的壓力。生長於某個社會的人以逐漸發成習慣，對於此種道德壓力并不十分感覺，好像生長于空氣中的人，不甚感覺空氣的壓力一樣。但對於新加入某個社會的人則發生極大威力，使其時時感覺拘束或痛苦。但人類為什麼要製成種種道德規律，以自己拘束自己，好像春蠶作繭自縛一樣？其主要的原因即因為人類言行具有一種不可收回性（irrevocability）。所謂人類言、行不可收回性，即一言既出，或一行既發以後，絕對無法取消其所言、所行，好像投石水中，波浪必起，浪浪相逐，影響無窮，投石者絕對無法消滅其浪痕一樣。

言、行雖具有不可收回性，對於孤立的個人尚不至發生問題：例如飄流孤島的魯賓遜（Robinson）無論發出任何惡言，做出任何惡行，他人并不至受其侵害：好像投石魚池，魚雖難免受驚，無人直接受害一樣。但人類係一種社會動物，雖各具有獨立個體，卻生有各種向外的感官。由於各種向外的感官，所以不能一刻離開社會或他人關係。所謂飄流孤島的魯賓遜不過為文人一種幻想，實際上并無其人與其事。言、行既有不可收回性，人類又不能脫離社會，則其一言一行勢必影響他人。如投石魚池，雖無人直接受害，倘投石游泳池，即難免要發生傷人結果。

因一言一行對於他人均有極大影響，所以社會不能不於有形或無形中製訂種種道德規律，以範圍其言行，使其不致互相發生衝突。倘使生活於一個社會的各份子能於適當範圍內，言其所當言，行其所當行，則對內自可各安其所，以和諧地分工合作；對外自可行動一致，宛如巨人，積極適應各種環境，以充分實現其生存與自由。否則，各言所好，各行其是，則形成霍布斯（Hobbes）所謂「人人相爭的世界」，勢必自行消滅；好像一點高溫的炸藥，勢必自己炸燬一樣。

但社會和個人一樣，個人既均有求生本能，社會亦不願自行消滅，社會既不願自行消滅，必須設法以安定內部生活。安定內部生活最理想的工具，不但即爲道德，而且只有道德：由表面上看起來，安定一個社會內部生活的工具，除道德以外，尚有各種社會組織，如家庭、職分、級分、國家與法律。但社會組織無論如何美滿，僅能使人各得其所，而不能使人各安其所。好像骨骼與筋肉僅能使人體各機關位置適當，而不能使其發生適當作用一樣。至於法律如前所論，不但爲道德之一部份，而且爲其最低的一部份。法律既爲道德的一部份，部份不能代替全體功用，法律自不能盡安定社會內部生活之全責。同時法律只爲道德最低的一部份，所以無論如何美備，只能使人不致有惡的言、行，而不能使人努力善的言、行。目前各國法律雖偶亦注意到積極方面，但大體講來，所有法律仍多屬於消極性質。因法律多屬於消極性質，所以無論如何美備，只能使社會各份子不致互相殘害，但不能促其分工合作。至道德則滲入人類心靈，形成普通所謂的良心。由於良心的指示或驅使，使各人均能發生其應有之言、行；好像神經系統能使各種機關，各個細胞發生其應有的作用一樣。同時道德又大多屬於積極性質，如愛人、愛物、勇往直前、追求眞理之類。道德爲安定社會內部生活最理想幷唯一的工具，所以各個社會——尤其是向前發展的社會，無不由其道德天才的份子適應時、地需要，製定種種道德規律，命令人人必守，違則即加以種種制裁。此就一般社會而言，至於民族社會尤其需要道德。茲另目加以分析。

第二目　民族社會尤需要道德

民族社會所以然較一般社會尤其需要道德，即因爲民族社會係一種類似有機體（Quasi-organism）。有機體（organism）與無機體（unorganism）之區別甚多，其最重要者厥爲下列三點：

1.凡有機體均自有目的或自爲目的。例如每個人體均自有目的，在某種限度以內幷自爲目的，事實明顯，可無待論。即其他各種生物亦各自有其目的，幷在某種範圍以內亦自爲目的。但目前地面上各種動、植物，如牛、馬、穀、果等，多爲人類所利用；表面看起來，他們似均爲實現人類生存的工具。實際上此不過爲人類繼制或征服的結果，幷非其本身目的如此。因每個有機體均自有目的或自爲目的，所以其構造與活動均有意或無意地依着此種目的，以形成統一的整體，幷在某種限度以內能自立生存。至無機體則不具備此種條件。

2. 凡有機體與其構成份子結爲一體，絕對不可分離。因構成份子生活於其整體，整體生活於其構成份子。因構成份子生活於其整體，所以整體的某一部份即爲其自身。整體的某一部份即爲構成份子的本身，則構成份子對于整體自不能選擇所屬或脫離關係。同時因整體生活於其構成份子，所以構成份子亦即整體的某一部份，構成份子既爲整體的某一部份，則整體對于構成份子亦不能選擇所需或自由脫離。例如人體中各個細胞既不能脫離人體，人體亦不能脫離細胞。至無機體的本身與其份子則無此種依賴關係。

3. 凡有機體自身目的之實現必須透過各部份或各機關。此各部份或各機關互爲手段與目的。如就人體來講，消化系將所吸收的營養分配各部份，以維持其生存。由此點講，可說消化系爲其他各系之手段。反過來講，其他各系或幫助消化系選擇食物，如神經系；或幫助消化系取得食物，如骨骼系與筋肉系；或幫助消化系輸送養份，如循環系。由此點講，可說消化系爲這些系的目的。因有機體的各部份互爲手段與目的，所以有機體的各部份亦互相絕對不可分離。如或分離則不能生存。即偶爾生存亦非常態的生存，如美國的鐵肺人。至無機體的各部份則無此種互相依賴的關係。

就這三點講，一個民族社會確爲一種類似有機體：

就第一點來講，每個民族均自有目的或自爲目的。其有覺悟的民族，公開自認對於人類負有某種責任或使命以合理其生存：如德意志民族根據其優種學說，謂對人類負有領導責任；意大利民族根據其過去歷史謂應統治歐、非；日本民族根據其天皇一統，謂應造成皇道世界，旗幟鮮明，固無待論。即其他尚未覺悟的民族，亦於不知不覺之中實現其某種特殊目的，以表證其生存價值：如中華民族數千年來努力實現善的目的，希臘民族努力實現眞與美的目的，法蘭西民族努力實現美的目的，英吉利民族、美利堅民族努力實現生的目的之類。因每個民族自有目的，所以每個民族均能自立生存並應自立生存。但目前有些強大民族奴隸弱小民族，使爲實現本身目的的工具，完全不合道德。

就第二點來講，每個民族與其份子亦構成不可分離的一體：即民族份子生活於其民族，民族亦生活於其民族份子。因民族份子生活於其民族，其民族某一部份即其自身，所以民族份子對于其民族的歸屬完全爲民族血統發展所決定，本身毫無選擇自由。民族亦生活於其份子，其每個份子即其本身的某一部份，所以發生運動無論如何發達，民族對其份子亦不能自由選擇或脫離關係。

就第三點來講，每個民族生存與自由的實現亦透過各部份或各機關：如社會工具（包括教育、語言、文字），社會組織（包括家庭、職份、級份與國家），社會紀律（包括道德與法律），物質文化（包括器械、交通與經濟）以及精神文化（包括學術、藝術與宗教）。這些部份或機關也和人體中各部份或各機關一樣，互爲手段與目的，絕對不可分離。如社會工具，好像人體中的骨骼系統；社會組織，好像人體中的循環和生殖系統；社會紀律，好像人體中的神經系統；物質文化，好像人體中的消化系統；精神文化，好像人體中的肌肉系統。

因民族社會係一種類似有機體，所以民族社會係一種最真實的社會。與其他各種社會，如家庭、黨派、種族、人類等大不相同。關於此點，法國社會學家鄔姆斯（Worms）於其所著社會科學哲學（Philosophie des sciences sociales）中曾有精確的分析。

因民族社會係一種類似有機體，有機體的各部份互爲手段與目的，絕對不可分離。因此民族社會絕對不可缺少道德，好像人類身體不可缺少神經系統一樣。倘使人類身體失去神經系統，或神經系統不能發生正常作用，則這個人體的舉動必致錯亂。舉動錯亂的結果，必致自行死亡。倘使一個民族社會缺少道德規律，或道德規律不能發生作用，則這個民族社會的各份子及各部份必至互相衝突。互相衝突的結果，亦必自行消滅。

因道德對于民族社會特別需要，所以道德興替對于一個民族的盛、衰、存、亡有極大的影響。羅馬帝國的興盛與衰亡雖不能如孟德斯鳩（Montesquieu）於其所著羅馬盛衰的原因（Consideration sur les causes de la Grandeur des Romains et de leur Decandence）中所謂，完全由於道德之漲落。但道德漲落實爲羅馬盛衰主要原因之一，無論如何不能否認。

因民族社會特別需要道德，所以道德都是由民族社會創造出來的。在某種道德形成的過程中，某個社會的所有份子均有一部份力量，好像語言的形成一樣。因此道德和語言均無確定的作者。在道德轉變過程中，有時卽或有少數道德天才者（moral Genius），或中國過去所謂的立德者，表現力量較大，如中國的孔子，希臘的蘇格拉底等；但道德天才者創造新的道德規律時必須能適合民族特性及時代潮流，否則其所創造的道德規律卽不能得到輿論的贊同，由模倣以發生普遍效力。同時道德天才者所創造的道德必藉他人以實現：例如孝是一種道德，但必須有父母可孝，然後才能實現孝的道德；愛是一種道德，但必須有國可愛，然後才能實現愛國的道德；勤儉是一種道德，但必須財富可以累積，然後勤儉始有意義。足見各種特殊道德，必須以社會為前提。又如仁是一種道德，但必有人可愛，然後才能實現仁的道德；義是一種道德，但必有他人的財產和名譽可以尊重，然後才能實現義的道德；誠是一種道德，但必須有人可信，有人可忠，然後才能實現誠的道德。足見各種基本公德亦須以社會為前提。甚至於各種基本私德如節、勇、智等亦係如此。倘使每個個人是孤立或自為目的的，則他個人的生、死、成、敗對於他人毫無影響，則節或不節、勇或不勇、智或不智卽失其道德價值。由此足見道德純是由民族產生出來的。

同時道德目的亦在維持民族公同生活以實現其生存與自由；並不是為個人增加幸福的：在現實社會中，個人雖由道德制裁，使各人各守分際，以適當地實現其本身生活或得到相當幸福，但此僅就社會化的個人而言。至孤立的個人既不與他人發生關係，自無需乎道德。況且經驗告訴我們，各種道德規律在未養成習慣以前，對於個人增加重重束縛，使個人感覺種種不自由。換句話說，有時道德對於個人不但不能增加幸福，而且增加痛苦。所以各時代均有少數個人為消滅此種不自由，不惜向社會宣戰，以成為社會叛徒或犯人。由此足見道德目的亦僅是為民族的。因道德是由於民族並為着民族的，所以民族社會對於違反道德的人不加以輿論制裁，便加以法律懲罰，以期其能普遍發生效力。

但人人何以能遵守民族社會所釐訂的道德？這是因爲人類多具有選擇自由。此種選擇自由卽爲道德的主觀起源。茲另節論之於后。

本節參考書：

1. 景昌極：道德哲學新論，第二章；
2. 汪少倫：民族哲學大綱，第一章；
3. F.H.Bradley: Ethical Studies, Essay II；
4. H.spencer: Principles of Sociology, 2vols；
5. Schwarz：Unconventional Ethics, Book IV；
6. N.Hartmann：Ethics, S.2；
7. Schaeffle：Bau und Leben des Social Körps；
8. A.Fouillée：Les Elements Sociologiques de la morale, L.II；
9. R.Worms：Philosophie des Sciences Sociales, vol, I；
10. J.Maritain：Le Confiit de la morale et de la Sociologie。

第二節　道德主觀起源或人類選擇自由

第一目　人類具有選擇自由

道德所以可能，或人類所以多能遵守社會所製訂的各種道德規律，係因人類多具有選擇自由。所謂人類多具有選擇自由，卽普通人類對於外界刺激的反應可以自由決定，不像其他萬物完全爲外界刺激所決定：如球被踢一定要滾，樹被壓一定要折，貓見鼠一定要捉，狗見生人一定要咬……。雖然也或有貓見鼠不捉，狗見生人不咬，但不能謂之好貓、好狗。人類多具有選擇自由或對外界刺激的反應多能自由決定，係由於下面兩大原因第一個原因，宇宙萬象雖極端錯綜複雜，但爲兩大法網所連鎖，即因果法網與目的法網。因果法網完全適用於無生物界及一部份生物界。所謂因果法網即如前面所謂，世界萬象的變遷大多依照因果法則（causality），即有何種因，必有何種果；有何種果，必有何種因，決計不致有因無果，亦決計不致有果無因。這許多因果互相爲用：即因爲果，果爲因；因又爲果，果又爲因；連結成網，支配整個無生命世界。目的法網完全適用於有生命世界——尤其是人類。所謂目的法網，即如前所謂，凡有機體或有生物必自具目的。此種最高目的之下再分爲各種次要目的，各種次要目的之下復分爲各種較低目的，各種較低目的之下，再分爲各種最低目的。各種次要、較低、最低目的之活動均以最高目的爲出發點。換句話講，即各種次要、較低、最低目的之活動均爲最高目的所決定。是即普通所謂的目的律（Finality）。各種目的連結起來，構成目的法網以支配整個有生命世界——尤其是人類活動。

這兩種法網表面上看來是不能同時並存的。即一切無生命世界的變遷既爲因果法則所支配，則人類自無法改變外界變遷以實現本身的目的。換句話講，即因果法網必然否定目的法網。實際上並非如此。仔細研究起來，因果法網不但不能否定目的法網，而且爲實現目的法網之基礎。蓋自然界變遷必須遵循因果法則，然後人類始能依照本身目的，改造變遷的因，以期實現其所希望的果。例如水向低處流係爲因果律所決定，即地心吸力爲因，水向低處流爲果。如是人類想有自來水，必須將蓄水池安置於最高處，即第一次改造因；再將低處的水用壓力打上蓄水池，即第二次改造因，或以壓力戰勝地心吸力。如是目的即可達到。倘使自然界變遷不遵守此種因果法則，水或向上流，或向下流，不能一致，則人類即無法控制，而人類目的亦無由實現。因此因果法網爲實現目的法網所必需。

此兩種法網雖真實存在，倘使人類不能將其看出，仍不能實行選擇。因此人類所以然具有選擇自由倘有第二個原因，即人類具有一種理智。因人類具有理智，所以人類在實行未發以前，能將兩種法網看出：即自己當究有何種結果？須用何種方法以得到此種結果？例如下象棋，其所希望的結果或目的即爲保衛自家的「將」，制死對方的「帥」。欲達到此種目的，必須一方面防衛，一方面進攻，逐漸達到預期的目的。

如此客觀方面有因果法則，主觀方面有固定目的。所以人類行爲可由本身目的，決定自己行爲：或造此種因以得此種果，或造彼種因以得彼種果。如路拾遺金十萬，或私藏起來，變成富翁而受人咒罵；或送還原主，仍爲窮措大而受人稱讚。此即所謂人類的選擇自由。

此種選擇自由吾人隨時隨地可以體驗得到，因吾人隨時隨地皆需要選擇決定自己的行爲。選擇得當可以得到好的結果，選擇不得當，一定得到壞的結果，絲毫不爽。因此人類對于自己行爲不能不特別審愼；同時對於自己行爲亦不能不負責任。

但選擇自由雖極眞實，僅爲相對的自由。即只能于所給予的環境中，或一定的條件下，去選擇決定，不能任意作爲。因選擇自由僅爲相對的自由，所以人類不像上帝（假使有的話）。上帝不但是萬智、萬能、萬善，而且是自爲原因。因此上帝完全不受因果法網之支配，可以自由作爲一切。反之，選擇自由雖爲相對的自由亦係一種自由，所以人類又與禽獸不同。禽獸大體上講，是毫無自由的，即完全受因果律的支配。所以禽獸完全不能自由作爲，或完全爲環境所決定。因此人類界居於上帝與禽獸之間。此種界居於神獸之間，爲人的特質，亦爲人之所以爲人：人生的意義和人生的價値在此；人生的矛盾和人生的悲哀亦在此！

因人類多具有選擇自由，所以人類對自己的行爲不能不負責任。同時因選擇自由僅爲相對的自由，所以人類對自己行爲的負責亦有一定的限度。即對有意識的行爲，或選擇的行爲，始能負責；對於無意識或完全爲環境所決定的行爲不能負責。例如殺人者死，僅指有意殺人的人而言。至於無意殺人，或誤殺人的人，則可以不必論罪。庸醫殺人不爲犯法，即係此理。所以人類對其行爲僅負一種有限責任。

因人類多具有選擇自由，所以人類爲善抑爲惡，可以自由選擇以決定。因人類爲善抑爲惡多可自由選擇以決定，所以人類多具有遵守道德規律的可能。因人類多具有遵守道德規律的可能，所以道德規律可以發生效力，而道德現象亦以形成。因此選擇自由為道德現象形成的主觀基礎。但關於意志自由問題，過去尚有兩種極端相反的學說，即決定主義與不決定主義，茲述評之于後。

第二目　關于決定主義與不決定主義的述評

決定主義者或謂宇宙萬象皆為因果法則所決定。人類為宇宙萬象的一種，自然不能例外。因此人類行為亦受因果法則之支配：即受着何種刺激，必起何種反應，完全是機械的。好像主動力必生反動力一樣。因此人類意志毫無選擇自由。此種學說普通稱之為客觀決定主義(objective Determinism)。主張此種學說的人，大部份為哲學中的唯物主義者，如德國的布希納(Büchner: Kraft und stoff,s,276)，赫克爾(Haeckel: Die welträetsel,s,19)，英國的卜利斯特奈(Priestley: The Doctrine of Philosophical Necessity,p.7)，白克奈(Buckle: History of Civilization in England.P.25)，法國的拉墨屈里(Lamettrie:e, l' Homme machine)，何爾伯克(Holbach:System de la nature, I ch.11)，意大利的郎伯爾梭(Lombrosso)等可為代表。

或謂人類生來具有一種性格。此種性格為人類一切活動的最高決定者。此種性格是不變的，理性對之亦不能發生任何影響。因此人類一切行為均為性格所決定，意志不能自由選擇。此種學說普通稱之為主觀決定主義(Subjective Determinism)。如德國的叔本華(schopenhauer: Die weltals wille und vorstellung, I Bd, s. 2)，希墨爾(Simmel: Einleitung in die Moral-wissenschaft,s. 205)，英國的密爾(J.St.Mill:system of Logic,II,439)，亞力山大(Alexander: Moral Order and Progress)，斯德芬(Stheni: The science of Ethics p.278)，美國的史奈(Thilly: Introduction to Ethics,P237)，丹麥的賀夫丁(Höffding:Ethik)等可為代表。甚至過去有些哲學家主張性善或天生良心的學說，謂人類天性生來是善的，或生來即有良心。人類天性既然生來是善的，或生來即具有良心，所以人類由天性或良心發生出來的行為亦必為善的。至於有些人發生惡的行為，不是良心汩沒，便是環境使然，並非由於天性或良心。如中國的孟子、周濂溪、張橫渠、程明道、陸象山、王陽明，歐洲的柯西斯(Crucius)、溫納德(Unold)，博特奈(Butler)等可為代表。又有些哲學家主張性惡學說，謂人類天性生來是惡的。因人類天性生來是惡的，所以由天性發生出來的行爲亦必爲惡的。但人類何以亦有善的行爲？這是完全作爲出來的，並非由於天性。如荀子、韓非子等可爲代表。這兩種學說亦係主觀決定主義。

至不決定主義者則相反。他們或謂人類行爲不受客觀環境的影響，即不受因果律之支配，可由自己意志決定一切，不但受着某種刺激，不一定發生某種反應；而且可以任意反應，決定刺激（遠因）。如歐洲中世紀的鄧斯可託斯(Duns Scotus)，近代的洛慈(H. Lotze: Mikrokosmos, I. 283)等可爲代表。或謂人類行爲不受生性，尤其是衝動的影響，可由理性決定一切，如德國的雅可比(Jacobi: Werke Ⅳ 2)，克于格(Krug: Handbuch der Philosophie, I, 69)，英國的格林(Green: Prologomena to Ethics. I, ch. 3, II, ch, 1)，馬謫腦(Martineau: Types of Ethical Theories, II · 62)，法國的辜桑(Cousin: Du Vrai, Du Beau et du Bien, P. 354)，柏格森(Bergson: Evolution Creatrice. p. 137)等可爲代表。

以上兩派學說雖多能言之成理，但均與事實不符。如前所論，事實上宇宙萬象之連鎖爲因果律與目的律兩大法網。這兩大法網不但不互相衝突或否定，而且互相爲用，尤其是目的法網必以因果法網爲基礎。但決定主義者僅看到因果法網，並謂因果法網支配一切，等人類于禽獸；不決定主義者僅看到目的法網，視人類爲上帝，均係不合事實。

事實告訴我們，人類雖有一部份像禽獸，亦有一部份像上帝，即界居於禽獸與上帝之間。因人類界居於禽獸與上帝之間，所以人類可以爲神，亦可以爲獸。因人類可以爲神，亦可以爲獸，所以人類可以爲善，亦可以爲惡，究竟爲善抑爲惡，自己可以選擇。此種選擇自由，過去哲學家早已發現，舉其著者，如中國的告子，歐洲的笛卡爾(Descartes: Principia Philosophiae, I, 3)，侯謨(Hume: Inquiry Concerning Moral Principles, sct 1)，溫德(Wundt: Ethik S, 462)，加特永(Cathrein: Moral Philosophie I, 28)，哈特曼(N. Hartmann: Ethik, III. Teil)等可爲代表。

同時因人類具有一部份神性，亦具有一部份獸性，所以人類心靈中時常感覺矛盾，即神性與獸性互相鬥爭。神與獸性鬥爭的情況，德國詩人哥德(Goethe)于其所著浮士德(Faust)中描寫得非常精彩。此種鬥爭雖使人類感覺到不少苦悶，亦表示人生之特殊價值。因必有鬥爭始有選擇，有選擇始有自由，有自由吾人始能自己決定自己的命運。能自己決定自己的命運始能發揮自主精神。能發揮自主精神才有特殊價值。否則完全爲環境或血統所決定，則完全等于一個奴隸。自己完全等于奴隸，則功非己功，過非己過；改過爲善旣不可能，卽可能亦無意義。改過爲善旣不可能，則人類卽不能遵守道德規律，而道德現象亦無由形成。但道德現象，如前所論，異常眞實幷普遍，更足證明選擇自由係一種客觀事實。

如此一方面民族社會有道德需要，另一方面民族份子有選擇自由，民族道德逐以產生。但道德之產生幷非憑空而來，多依據時代與民族背景，茲另章論之于後。

本節參考書：

1. 景昌極：道德哲學新論，第五章；
2. 溫公頤編譯：道德學，第二編，第四章，第七節；
3. Mackenzie: A manual of Ethics, Book II, ch, III;
4. Hyslop: The Elements of Ethics, ch, IV;
5. Th. De Laguna: Introduction to The Science of Ethics, P. I. ch. IV;
6. N. K. Davis: Elements of Ethics, First Part, II;
7. H.Rashdail: Theory of Good and Evil, Book IV. ch. III;
8. W.James: The Dilemma of Determinism (in will to Belief);
9. H.Palmer: The Problem of The Freedom, ch, IV;
10 Fr.Paulsen: System der Ethik, II, Buch, K, X;
11 H.Hoffding; Ethik, V;

12 A.Messer, Das Problem der Willensfreiheit;

13 W. Windelband: Uber Willensfreiheit;

14 J.Felln: Zur Bibliographie des Problemes der Willensfreiheit;

15 E. Lange: Das Problem der Freiheit des menschlichen Willen

16 H.Naville: Le libre arbitre。

第三章　道德背景

第一節　道德的時代背景或道德的時代性

第一目　民族之演進

所謂道德的時代背景，或道德的時代性，即道德之目的與水準每隨民族的演進而不同。換句話講，即道德背景有一種縱的劃分。

關於人類社會演進，有些社會學家分爲三大階段，即氏族（Clan）時期、支族（Tribe）時期與民族（Nation）時期。但氏族社會存在於有史以前，實情如何，無法稽考。其可稽考者僅爲支族社會與民族社會。根據歷史事實，支族實爲民族之前身，民族即爲各支族之熔合。因此支族社會亦可名爲民族形成時期。在民族形成初期，支族爲一切社會生活之單位：對內財產公有，生活習慣相同；對外行動一致，生死與共，各國歷史記載甚明。

就中國來講，自黃帝至春秋戰國時代可謂爲中華民族形成時期。中國古代所謂的部落，即現代社會學家所謂的支族。在中國古代社會中，部落支配一切：政治完全以部落爲單位，古時所謂諸侯即爲各部落之酋長，有直接管理及指揮人民之大權。至天子則不過爲諸侯之盟主，只能命令諸侯，不能直接管理或指揮人民，此即普通所謂的封建制度。當時部落不但爲政治之單位，亦且爲經濟之單位，例如當時主要生產工具（土地）即爲全部落所公有（井田制度）。甚至當時部落不但爲政治與經濟之單位，亦且爲法律之單位；即某一個部落內份子對外犯罪，該部落全體即爲報復或懲罰之對象：前者如報血仇，後者如責令遷徙。爾後各部落互相兼併，互相模倣，遂形成秦以後之整個中華民族。

歐洲歷史亦復如此：歐洲歷史普通分爲三大階段：古代、中世紀與近代，實不妥當。由民族眼光看起來，只能分爲兩大階段，即遠古與古代爲一階段，中世紀與近代爲一階段。歐洲歷史所以然只能分爲兩大階段，即因爲遠古與古代爲希臘羅馬兩民族形成與發展時期；中世紀與近代則爲歐洲近代各民族形成與發展時期。歐洲中世紀爲歐洲近代各民族形成時期，史實異常明顯：如中世紀之開始，由於民族遷徙，所謂民族遷徙實即文族或部落遷徙。因當時氾濫全歐的各團體，如戈登(Gothen)、昂格魯(Angel)、撒克遜(Saxon)、諾曼(N rman)總均以文族或部落爲生活單位：遷則同遷，居則同處；生則同生，死則同死。這些南下部落雖文化程度甚低，但武力優越，團結甚堅，因能逐漸統治歐洲各地。即強大的羅馬帝國亦於無形中爲其所支配。因這些南下團體，均以部落爲社會生活單位，所以中世紀完全爲封建政治。同時因這些團體文化程度甚低，宗教需要極濃，基督教因能普遍發生效力，形成獨尊局面。封建政治與宗教獨尊，爲歐洲中世紀歷史兩大特色。這兩大特色即爲部落生活之表現。這些部落經過數百年互相聚處，互相做效，互相兼併的結果，遂形成近代各民族如法蘭西民族、英吉利民族、德意志民族等。歐洲歷史必須如此劃分，始能澈底明瞭其變遷原因，各種科學法則對牠始能適用，如達爾文的進化法則，孔德的三時期法則之類。

民族形成以後，又隨其環境的變遷或文化的演進形成不斷的發展。關於民族發展，過去有一種自然衰老學說，主張這種學說的人認爲民族係一種眞實的有機體，和其他各種眞實的有機體一樣。各種眞實有機體的發展無不經過少、壯、老三大時期，所以民族亦必由少、壯以至於老死。如德國的拉沙克斯(Lasaulx)，施奈德爾(Schneider)，法國的甘督奈(Candolle)等可爲此種學說的代表。此種學說表面看起來似乎頗有道理，實際上則完全錯誤。完全錯誤的原因，即如前所論，民族僅爲一種類似有機體(Quasi-organism)，并非眞正有機體(Real-organism)。因民族僅係一種類似有機體，所以民族不一定如眞正有機體之由少壯、以至於老、死。同時此種學說亦不符合歷史事實。歷史事實告訴我們，過去各民族的發展，或由本身量質的轉移，或由民族環境的改變，形成一種波浪式的發展：即一盛一衰，或一治一亂。當其盛也，政治修明、社會安定、經濟富裕、教育發達、道德提高。當其衰也，政治腐敗、社會混亂、或生產破壞、或分配不均、教育破產、道德降低。於以形成各民族不同的運期。關於民族運期不同的事實，拙著民族哲學大綱第三章中已有分析，茲不重述。

因民族有形成與發展階段之不同，所以道德亦隨時間之演進而變遷，茲另目論之於後。

第二目　民族演進與道德變遷

關於道德變遷，可分道德目的或範圍與道德水準兩方面來講。

關於道德目的或範圍的變遷，大多由於支族與民族之遞遭。即在民族未形成以前，支族爲一切生活之單位，所以道德亦以維持支族共同生活爲目的。此即杜威與托夫斯(Tufts)所謂的支族道德(Trifal moral)。民族形成以後，民族代替支族爲一切生活之單位，於是支族道德亦變爲民族道德(National moral)。至杜威與托夫斯所謂由支族道德演爲個人道德(Individual moral)則不合乎事實。因現代所謂的個人並非孤立的個人。孤立的個人既不需要道德，亦不能產生道德。現代個人需要並能產生道德，足見現代個人並非孤立的個人，乃爲民族的一份子。如是個人即或爲執行道德的單位，亦非道德的最高目的，尤非爲道德之最高範圍。

上述民族演進的事實，中西歷史皆可證明。就中國來講，中國過去幾千年來的道德演變可分爲兩大階段：黃帝至春秋、戰國爲第一階段，秦、漢以來爲第二階段。在第一階段中，社會生活完全以部落爲本位，所以當時道德完全爲部落道德。道德目的既在於維持一個部落內的共同生活，而每個部落亦有其不同的道德或風俗。詩經所載，異常明顯。春秋、戰國時期，各國諸侯互相征伐兼併。互相征伐與兼併的結果，一方面使部落生活逐漸解體，另一方面使各國文化漸形共同。如是社會生活逐漸以民族爲本位。孔子身當激變之衝，無形中以承先啓後爲己任，遂發揮其道德天才，一方面斟酌當時需要，另一方面綜合過去各部落之長，創造一種新的道德規律。此種新的道德規律，一方面由其弟子的傳播，另一方面由於政府的尊重，遂統治秦、漢以來之第二階段。孔子所提倡的道德，完全以民族爲本位，即對於任何部落皆可適用。所以他作春秋的重要原則爲：「諸侯用夷禮則夷之，夷進於中國則中國之。」孔子所提倡的道德，雖特別注重家庭道德，如五倫中不但家庭關係佔其三，而且君臣關係不過爲父子關係之轉變，朋友關係不過爲兄弟關係之轉變。但孔子心目中的家庭只是民族組織的單位，已非原始社會中爲生活本位之家庭。換句話講，即只認家庭爲民族構成的基礎，並非如原始社會認家庭爲社會生活之最高範圍。所以孔子儘管特別注意家庭道德，並不妨礙其爲民族道德。不過孔子所提倡的道德雖，民族道德，但係無意識的民族道德。所謂無意識的民族道德，即其所提倡的道德雖以民族爲範圍，亦以安定整個民族內部共同生活爲目的，即其所謂的「平天下」，而當時所謂的天下實即中華民族，但並非有意識的以民族爲出發點。目前民族鬥爭日趨激烈，過去無意識的民族道德已多不能適用，需要一種有意識的民族道德。而有意識的民族道德之建立，亦爲今後吾人的一種重大使命。

就歐洲來講，古代歷史所載，多爲希臘、羅馬兩民族之民族道德。中世紀歷史所載則多爲汜濫全歐的各支族的部落道德。在此種部落道德以外，雖有一種超支族的基督教道德，但和水上浮萍與冬日外套一樣，在一般人心中既無深厚基礎，更不能保證其內容完全相同。文藝復興以後，歐洲近代各民族相繼成熟。中世紀的部落道德亦演變爲民族道德。關於歐洲近代各民族的民族道德之特色，下節當加以分析。此爲道德目的或道德範圍的變遷。

至道德水準的變遷，則多由於民族發展的運期不同，其實踐道德規律的程度亦不一致。各個時代實踐道德規律的程度不一致，史實亦至明顯：如就中國來講，梁啓超先生曾製一張中國歷代民德升降表（梁任公：飲冰室全集，第四册，卷十七，九三頁）。由這個表看起來，中國歷代道德水準以漢朝——尤其是東漢爲最高。唐不如漢，宋高於唐，元不如宋，明等於宋，清末至民國爲最低。梁先生這種說法，雖難免有所感而發，但中國過去道德水準的變遷多爲波浪式的起伏，則係不可否認的事實。

歐洲過去的道德水準亦爲波浪式的發展：如當雅典盛世，即皮利革里時期(period of Period)，公私道德水準均高，南北戰爭以後，道德水準即漸見低落。羅馬帝國初年，人民道德修養臻於極盛，末葉漸形衰落。中世紀教堂道德當以十二世紀爲其尖峯，十三四世紀以後，逐漸黑暗，堂堂教皇甚至藉贖罪之名行聚斂之實。近代歐洲各民族道德亦多隨其社會治亂而爲波浪式的發展，一閱歐洲各國道德史即可知道。因中、西各民族道德水準的演變多爲波浪式的起伏，所以進化法則根本不適用於道德。此爲道德水準的變遷。

道德目的與水準均隨民族之演進而不同，足見道德確有時代背景。茲進而研究道德的民族背景。

本節參考書：

1. 溫公頤編譯：道德學，第五章，第六章；
2. 汪少倫：民族哲學大綱，第三章，第一節，第二、三目；
3. J.S.Mackenzie: A manual of Ethics, BookI,ch IV,V;
4. J.H.Muirhead:The Elements of Ethics,Book V;
5. J.Dewey and J.H. Tufts:Ethics,P.I;
6. J.H.Hyslop:The Elements of Ethics,ch.II;
7. H.Rashdall:Theory of Good and Evil,Book III,ch.IX;
8. Hobhouse: Morals in Evolution;
9. Westermarck:The Orgin and Development of Moral Ideas,2vols;
10. W.E.H.Lecky:History of European morals,2 vols;
11. A.Bagat: Histoire de la Moral en France。

第二節　道德的民族背景或道德的民族性

第一目　各國民族性之不同

所謂道德的民族背景或道德的民族性，即各國道德每隨其民族性的不同而不同，換句話講，道德背景於縱的劃分以外，尚有一種橫的劃分。所謂民族性，即每個民族於具有人類共同特徵以外，仍具有其本民族特性，好像個人於具有人類共同特徵以外，仍具有其個人特徵或個性一樣。一個民族的特性籠罩一個民族的各種活動，雖有例外，但不失其爲共同特性。各個民族的特性不同，事實異常明顯，茲擇其重要者論之於後：

中華民族第一個特性爲中庸或執中。因中華民族主要的特性爲中庸或執中，所以大多數中國人均講求適可而止，不走極端。因中國人不喜走極端，而戰爭和革命是極端的，所以大多數中國人反對戰爭和革命，愛好和平。因中國人反對戰爭和革命，愛好和平，所以中國過去雖偶有對外戰爭，但多屬於被動；雖曾朝代更迭，而無真正革命。同時因中國人講求適可而止，所以大多數中國人均能恬淡知足，既不孳孳以求利，亦不汲汲以求生，形成一種樂天知命的精神：這是就好的方面說。就壞的方面說：過於和平則易流於怯懦。因過於和平易流於怯懦，所以中國人大多缺乏勇敢精神，甚至於真話亦不敢說，而要說謊。過乎執中則易流于妥協。因過乎執中則易流於妥協，所以中國人大多缺乏徹底精神或毅力。同時過於知足則易流於苟安。因過于知足則易流於苟安，所以中國人大多缺乏進取精神，傾向保守。中華民族第二個特性為注重道德，雖表面上看來由於儒家學說的影響，但儒家學說所以產生既由于中華民族的特性，而儒家學說所以能發生如許悠久的影響，更由於中華民族特性，并非偶然的。因中華民族第二個特性是注重道德，所以歷來中國人不但以道德為人生之理想，即以立德為第一個不朽；而且歷來各方面文化建設無不以道德為其最高原則：如教育以德行為主科，「行有餘力，則以學文」；政權應依道德以行使，「為政以德」；地位應由道德以決定，「有德者，居上位」；法律應為道德所代替；學術藝術應為宜揚道德的工具，「文以載道」之類。因中國歷來注重道德，所以過去一般人均有高深道德修養，而社會亦賴之以得到安定。這是特別注重道德的好處。但過於注重道德亦有流弊，其著者，如繁文縟節與虛偽。依施卜讓葛(Spranger)人生型式看起來，中華民族可謂近於社會型。這是中華民族的民族特性。

英吉利民族第一個特性為注重實際。因英吉利民族第一個特性為注重實際，所以大多數英國人均實事求是，不講空話，不重虛文。經濟是實際的，所以英國人大多數注重農、工、商業，而英國人對於近代農、工、商的發展亦有貢獻：這是就好的方面說。但過於注重實際則易流于自私。因過重實際易流於自私，所以英國的個人主義(Individualism)特別發達。同時過重實際亦易流於實利。因過重實際易流於實利，所以輕理想、重錢財亦為英國人的弱點。英吉利民族第二個特性為富於保守。因英國民族性富於保守，所以英國人專講求漸進，反對激進。因英國人反對激進，所以大規模的革命在英國極少產生，即偶然產生，亦是一時現象。同時因英國人講求漸進，所以即使有新的發明或新的建築出現，亦多不易馬上風行。講求漸進，反對革命，使社會生活安定，是好的。但過於保守則易妨礙文化發展，即變成壞的。英吉利民族第三個特性爲深沉。英國人的深沉和其保守一樣，是全世界聞名的。因英國人異常深沉，所以大多數英國人不但把自己和自家的私事一律關在肚子裏，不使他人聞知，而且亦不願聞知他人的私事。同時他們不但無浮躁的習氣，而且喜、怒、哀、樂多能不形於色。不管他人私事，不以嗔氣對人，可以減少無謂糾紛，深沉可謂是一種美德。但過於深沉則流於冷酷與虛僞。冷酷與虛僞容易阻礙合作與信任，所以深沉亦有流弊。依施卜讓葛人生型式看起來，英吉利民族可謂近於經濟型。這是英吉利民族的特性。

德意志民族第一個特性爲意志堅強——尤其是支配意志或好勝心理。因德意志民族意志堅強，所以德意志民族性多與中華民族性相反。他們大部份好走極端，喜歡徹底。因德國人好走極端，所以德國人歡喜戰爭。因德國人歡喜戰爭，所以德國人尚武輕文。同時因德國人喜歡徹底，所以德國人在治學方面特別喜歡哲學。在哲學方面又特別喜歡系統（System），即以某一個觀點說明整個宇宙現象。在治事方面，特別講求毅力，即在某種計劃既經確定之後，則不顧任何困難與犧牲，必實現之而後已。尚武精神用於抵抗外來侵略是好的，倘用於侵略其他民族則變爲窮兵黷武。窮兵黷武的結果，不但擾亂世界秩序，而且其自身亦必爲人所消滅。所以尚武有好亦有壞。徹底可以求得最高眞理，可以完成偉大事業，徹底本是美德。但過於徹底則流於武斷與蠻幹。武斷可以妨礙眞理，蠻幹可以破壞事業。所以過於徹底亦有流弊。德意志民族第二個特性爲整齊、嚴肅：德國人特別注重整齊，一入德境即可看出；不但各個城市的街道，闊得異常整齊，而且各條街道房屋的高低與式樣亦大多一致。大家按時工作，按時休息；魚貫而入，魚貫而出；去靠左來靠右……。整個德國社會儼如一個大兵營，到處一律，毫無混亂現象。同時大多數德國人的生活亦異常嚴肅：飲食起居多依一定規律，男女服裝多依一定格式。所以德國人多像一個兵營裏面的士兵一樣，雖亦有生活浪漫者，但究屬少數。整齊嚴肅均爲德。不過過於整齊易流於單調，過於嚴肅易流於死板。所以整齊與嚴肅亦有其流弊。依施卜讓葛人生型式看起來，德意志民族近似理論型。這是德意志民族的特性。

法蘭西民族特性與德意志民族性有顯著的不同：即德意志民族意志堅強，法蘭西民族感情豐富。因法蘭西民族感情豐富，所以大多數法國人一方面喜歡反抗，另一方面酷嗜藝術。因法國人喜歡反抗，所以不但法國革命史實最多，而且法國革命亦最爲激烈。因法國人酷嗜藝術，所以法國人不但對於藝術創造，如建築、繪畫、音樂、文學、雕刻等有特殊貢獻，而且對於藝術的收藏亦最爲豐富。同時因法蘭西民族感情豐富，所以法國人的生活亦大多數較爲浪漫。依施卜讓葛人生型式看起來，法蘭西民族近似藝術型。這是法蘭西民族的民族特性。

因各國民族性不同，各民族的道德亦不一樣，玆另目論之於後。

第二目 各國民族性與各國道德

各國道德隨各國民族性的不同而不同，事實異常明顯：例如中國秦、漢以來的道德理論多以儒家學說爲根據。儒家學說多以道德主義(Moralism)爲中心。所謂道德主義，即認人之所以爲人，或與禽獸不同，即因爲人有道德而禽獸無道德。人所以然能有道德，則因爲人類生來即有善的天性或具有一種爲善的可能。人之所以爲人，既因爲人有道德而禽獸無道德，所以人生目的即在於實現道德理想。人生目的既在於實現道德理想，所以人人當學爲「君子」，免爲「小人」。「君子」爲中國數千年來的理想人。君子的特質完全在於道德修養，所以道德主義爲中國數千年來道德理論的中心。而道德主義亦可謂爲中華民族社會型的產物。由此種道德理論以形成其道德內容：例如中國數千年來的道德修養，在基本德目方面，特別注重自制與仁、義、誠。自制過去稱之爲克己，知識份子對此異常注重，即朱熹所謂：「多在自身上做功夫」。智、仁、勇爲孔子的最高理想，誠爲子思的宇宙本體，孟子提倡仁、義、禮、智並重。爾後談道德內容均離不開五常——仁、義、理、智、信。在特殊道德方面特別注重家庭道德：如五倫中不但家庭關係佔其三，而且君臣與朋友亦不過爲家庭關係之推演。此爲中國道德的特色。

歐洲近代各國以地理毗連，交通方便，文字相近，道德理論因具有不少共同象徵：如自然主義(Naturalism

），現實主義(Realism)、自主主義(Autonomism)、理智主義(Intellectualism)之類。但仔細研究起來，歐洲近代各國的道德理論除上述的共同象徵以外，尙各有其特色：例如英國倫理思想自培根(Bacon)以至現代，有一個很明顯的主流。這個主流卽爲功利主義(Utilitarianism)。功利主義不但在學理上支配英國倫理學界，而且在實際上發生極大影響，卽英國各方面文化建設及個人行爲無形中多以功利主義爲主旨；而功利主義亦可謂爲英吉利民族性的產物。由此種道德理論以產生英國的道德內容：英國人在基本德目方面特別注重自制、勇敢與正義：英國人的深沉爲全世界所聞名，一般人多能喜怒不形於色，因有冷酷與僞君子之譏。毅力亦爲英國人修養的特色。因英國人富於毅力，所以英國人多能委身於某種事業，以「鞠躬盡瘁，死而後已」。同時英國人的正義感亦特別發達。因英國人的正義感特別發達，所以英國人雖極端講求個人主義，但遇到公私不平，則爭起反抗。英國陪審制度所以能成功，就是這個原故。在特殊道德方面，英國人的政治道德造詣最高：各黨各派均能在法定範圍以內公開競爭，成功失敗認爲應當，決不利用其他卑鄙手段以洩憤。英國議會或政黨政治能成爲世界典型，實由於此。英國人對於商業道德——尤其是信實，亦特別注重。無論大小貿易，一言爲定。英國人到處經商成功，此爲主因。這是英國道德的特色。

德國倫理學說自賴布利玆(Leibniz)以至現代，雖較英國稍爲複雜，但亦有一個中心思想。這個中心思想卽爲康德的嚴正主義(Rigorism)。費希特(Fichte)、赫格爾(Hegel)的倫理學說不過爲嚴正主義的發揚，尼彩(Nietzsche)的超人道德不過爲嚴正主義的進展。至叔本華(Schopenhauer)的悲觀道德，則爲戲中插話，無關大體。嚴正主義亦可謂爲德意志民族性的表現。由此種道德理論以產生德國的道德內容：德國人在基本道德方面，特別注重勇敢與智慧。德國人所特別注重的勇敢，包括戰爭勇敢與事業勇敢兩方面。英國人則只注重事業的勇敢或毅力。因德國人的勇敢包括戰爭勇敢與事業勇敢兩方面，所以德國不但武力馳名，而且各種事業發展亦迅速。德國人極端推崇智慧——尤其是知識。一般人對於學問均有濃厚興趣，學者、專家在德國的權威亦最大。在特殊道德方面，德國人特別注重家庭道德與生產道德。不過德國人的家庭道德與中國過去的不同。中國過子注重家庭道德，旨在養老，所以特別注重孝；德國注重家庭道德，旨在育幼，所以特別注重慈。德國人對於生產消費或勤勞亦特別注重，所以德國人多能努力所業，除完全失業者外，絕無遊手好閑的份子。但德國人雖求勤勞，并不注重節儉，他們只要有錢，是知道并願意享受的。有許多德國人平時不惜作牛馬工作，以其所得備供一天假期或一次旅行之揮霍。這種習性與中國人恰恰相反。中國人寧可少享受，不願多勞動。德國人寧可多勞動，不願少享受。這是德國道德的特色。

法國倫理思想自笛卡兒以至現代，異常紛歧：或為理性主義，或為唯物的快樂主義，或為自然主義，或為實證主義，或為直覺主義。哲學方面既找不出主流，倫理學說更找不出中心。此種無中心的倫理學說，亦可謂為法蘭西民族藝術型的表現。由此種道德理論以產生法國的道德內容：法國人在基本道德方面，表面上與德國所注重的異常相似，即亦為勇敢與智慧。但仔細分析，法國人的勇敢又與德國人的勇敢不同：如上所講，德國人的勇敢是戰爭與事業並重的，而法國人的勇敢則只重戰爭。而且德國人的戰爭勇敢多以理智為基礎，常能審慎選擇。法國人的勇敢多以感情為基礎。所以法國人一遇到感情衝動則奮不顧生；感情一冷，遂變成軟弱。法國歷來革命事實均可證明。法國人所注重的智慧，與德國人所注重的亦多不同。德國人所注重的智慧多由研究得來的，即普通所謂的知識。法國人所注重的智慧則指天生的，或普通所謂的聰明。因法國人注重聰明，所以法國人偏崇拜天才，與英國人之崇拜老成，以及德國人之崇拜學者大不相同。在特殊道德方面，法國人特別注重社會道德——尤其是社交道德。法國人注重社交道德，由法國語言，可以證明。法國語言，音調優美，意義精密，至今猶為外交界所習用。此為法國道德的特色。其他各國亦莫不有其比較特殊的道德理論與內容。由此可知道德的確具有民族背景或民族性。

如上所論，道德既隨民族演進而變遷，復隨民族特性而不同；更足證明現代道德確為民族所產生，亦以維持民族共同生活為目的。道德既為民族所產生，亦以維持民族共同生活為目的；所以善惡判斷應以民族幸福為準則。但過去關於道德起源與標準有各種不同的學說。這些不同的學說每足混淆是非。因此在討論民族主義的道德標準以前，不能不將這些學說扼要介紹與批評，是卽第二篇所研究的道德理論。

本節參考書：

1. 汪少倫：民族哲學大綱，第二章，第四節，第一目；
2. 陳壽凡：歐洲各國國民性之訓練；
3. 莊澤宣等：民族性與教育；
4. Paulsen:System der Ethik，Einleitung；
5. Hurwicz: Die Seele der Voelker；
6. Wechssler: Esprit und geist;
7. Mueller-Freienfels: Psychologie des deutschen mensch
8. A. Fouillee: Psychologie des Peuples European;
9. A. Fouillee: Psychologie De Peuple Francaise。

第二篇　道德理論

第四章　過去道德理論派別的成因及其分類

第一節　過去道德理論派別的成因

第一目　客觀成因

過去中、西各國的道德理論，或倫理學說，異常紛歧。不但各個時代，各個民族均有其比較特殊的道德學說，甚至於每個倫理學家亦有其比較特殊的倫理思想。過去道德理論所以如此紛歧，係由於客觀及主觀兩種成因。所謂客觀成因，即倫理學家受着所處的時代潮流、民族背景、教育理想、家庭環境、政治制度等影響，以形成其比較特殊的倫理學說：

所謂時代潮流，即在某一個時期裏面有一種比較共同的思想與風氣，籠罩着某一個或多數民族。其著者如中國漢朝至清末的儒家學說，歐洲古代的現實主義，中世紀的宗教獨尊，近代的個人主義與民族主義等。這一個或多數民族的各種設施或活動，無形中接受此種共同思想或理想的影響。倫理思想爲人類活動中的一種，因此倫理思想亦常受時代潮流的支配。過去有些道德理論派別的形成即爲此種影響的結果。舉其著者如歐洲古代的倫理思想無不帶有現實主義的色彩。歐洲中世紀倫理思想無不爲基督教所支配。歐洲近代倫理思想無不爲個人主義與民族主義所影響之類。

所謂民族背景，即如前所論，每個民族均具有比較特殊民族性。此種比較特殊的民族性演成哈特曼(N. Hartmann)所謂的「客觀精神」(Objective Geist)或杜堅(E. Durkheim)所謂的「社會環境」(Milieu Sccial)。此種客觀精神或社會環境籠罩着人類各種活動，而人類各種活動亦於不知不覺之間受其莫大的影響，好像空氣籠罩人類各種活動，而人類各種活動亦於不知不覺之間受空氣的影響一樣。過去倫理學說派別的成因以民族背景的影響爲最大：如中國歷來倫理思想無不帶有儒家學說的色彩。英國倫理思想大多帶有功利主義的色彩。德國倫理思想大多帶有嚴正主義的色彩之類。

教育不但爲傳受文化經驗的主要工具，而且爲其唯一的工具。因教育爲文化經驗傳受主要或唯一的工具，所以人類知識的來源幾乎全賴教育。因人類知識的來源幾乎全賴教育，所以教育理想與教材選擇對於人類思想有莫大的影響。因教育理想與教材選擇對於人類思想有莫大的影響，所以過去有些特殊倫理學說的形成，係由於特殊的教育。例如斯賓洛沙(Spinoza)的先生范登安(Van den Ende)對於笛卡兒(Descartes)的學說極有研究，斯賓洛沙受其影響遂變成笛卡兒主義者。又如密爾(J. St Mill)的教育完全得之於其父，邊沁(Bentham)爲其父之好友，思想相同，無形中遂變成功利主義者。

家庭不但爲社會構成的細胞，而且爲個人生活之所寄託。因家庭爲個人生活之所寄託，所以家庭環境對於個人思想亦有極大影響——尤其是在兒童和少年，可塑性極大的時期。因家庭環境對於個人思想及行爲有極大的影響，所以過去有些特殊倫理學說的形成係由於特殊的家庭環境。例如叔本華(A.Schopenhau)早年喪父，母親約翰娜(Johanna)生性浪漫，幼年家庭生活已甚惡劣，隨因恨其母遂反對一切女人。終身不娶，藉一狗以解除寂寞，毫無家庭幸福，遂形成其悲觀哲學與同情道德。

政治爲一個社會的頭腦，一切社會設施及個人活動無不直接或間接受其影響。因政治生活對於社會設施與個人生活有直接或間接之影響，所以過去有些特殊倫理思想的形成係受着當時政治生活的影響。其著者如霍布斯(Hobbes)的自私主義極明顯地係受着專制政治的影響。這是過去道德理論派別形成的客觀原因。除此以外，倘有主觀原因，茲另目論之於後。

第二目　主觀成因

所謂主觀成因，即由於倫理學家本身的各種特殊原因，以形成其特殊的倫理學說。此種原因最主要的可分爲特殊天稟、特殊學問、和個人希望三方面：

根據現代遺傳學研究，人類生來卽由其祖先得到一種特殊遺傳質（Chromosome）。由這種特殊遺傳質以形成其特殊天稟或個性（Individuality）。由這些特殊天稟或個性以形成各種特殊人生型式（Form of Life）。人生型式根據德國施卜讓葛（Spranger）的研究，最主要者可分爲六種：卽經濟型、理論型、藝術型、社會型、權力型與宗教型。這六種人的人生理想與行爲動機完全不同，所以這六種人的倫理學說亦不一致：例如經濟型的學者以實現生存爲人生最高目的或理想。經濟爲實現生存的主要工具，因以實利或快樂爲判斷善惡的標準，以形成其功利主義的倫理思想，如邊沁（Bentham）可爲代表。理論型的學者以追求眞理爲人生的最高目的或理想。眞理表現爲法則，因以抽象法則爲道德標準，以形成其嚴正主義的倫理思想，如康德（Kant）可爲代表。藝術型的學者以求美爲人生的最高理想，而宇宙間萬象亦爲美的表現，因以和諧爲判斷善惡的最高標準，以形成其美學的倫理學說，如夏富伯里（Shaftesbury）可爲代表。社會型的學者認人類天性生來是善的，因此道德自爲目的。於以形成其道德主義的倫理學說，如中國的孟子等可爲代表。權力型的學者以支配慾望的充分發揮爲人生的最高目的，因以權力發揮爲道德判斷的準則，於以形成其超人主義的倫理學說，如德國的尼采（Nietzsche）可爲代表。宗教型的學者以現實世界爲虛幻，現實人生爲謫戍，因此人生目的在信仰上帝以求得寬宥，重新囘到天堂，因以信仰、服從等爲最高道德，如耶穌（Jesus）及其門徒可爲代表。

所謂特殊學問，卽哲學家爲使其學說徹底起見，每喜樹立一個系統（System）。所謂系統卽將宇宙間各種現象歸納於某一點，再由此一點以說明宇宙間各種現象。道德爲宇宙間現象之一方面，因此哲學家每喜以其整個學說應用於道德問題以形成其特殊的倫理學說。如歷來唯物主義的哲學家大多提倡快樂主義的倫理學說，如伊璧鳩魯（Epicurus）、拉墨屈里（La-mettrie）、霍爾伯克（Holbach）等可爲代表。科學家每專集中精力研究某一方面的問題，以求成爲專家（Expert）。專家每易帶有偏見：不但以其所專精的學問爲最高的學問，而且以其所專精的學問爲唯一的學問。因他們以其所專精的學問爲唯一的學問，所以他們常用此種學說的眼光去觀察一切或解釋一切，於以形成各種特殊倫理學說。其著者如達爾文（Darwin）、斯賓塞爾（Spencer）等進化論的倫理學

所謂個人希望，即倫理學家在研究道德問題之前即抱一種理想的社會或理想的人生。遂用此種理想的社會或理想的人生爲最高準則以提倡其新的道德。其著者如老、莊和盧梭(Rousseau)等自然主義的倫理學說。這是過去道德理論派別形成的主觀原因。

以上將過去道德理論派別的成因分爲客觀與主觀兩方面，不過爲研究方便起見。實際上，這兩方面原因相互爲用，錯綜結合，形成一種偉大力量，驅使歷來倫理學家創造各派不同的倫理學說。不但他人無從判斷某種學說由於某種原因，即倫理學家本身亦多不能自覺　茲進而研究過去道德或倫理學說的分類。

本節參考書：

1. 嚴　復：群學肄言；
2. Fr. Bacon: Navum Organon;
3. H. Spencer: On the Study of Sociology;
4. G. F. Steffen; Die Irrwege Sozialer Erkenntnis;
5. M. Scheler: Die Wissensformen und die Gesdlschaft。

第二節　過去道德理論派別的分類

第一目　歷來道德理論派別的分類及其檢討

關於過去道德理論派別的分類，歷來極不一致。按其分類標準的不同，約可分爲四類：

第一類的分法完全以方法爲分類的準則，如英國的馬諦脳(J.Martineau)與希鳩維克(H. Sidgwick)可爲代表。馬諦脳於其所著倫理學說諸型式(Types of Ethical Theories)中，就研究方法的不同，將倫理學說分爲兩大類：一爲非心理學的倫理學，一爲心理學的倫理學。非心理學的倫理學又分兩類：一爲物理學的倫理學，以孔德(Comte)爲代表。一爲玄學的倫理學。玄學的倫理學又分超越的倫理學(Transcendental Ethics)以柏拉圖(Plato)爲代表，與內在的倫理學(Immanental Ethics)以笛卡兒與斯賓洛沙(·Spinoza)爲代表。心理學的倫理學亦分兩類：一爲特別心理學的倫理學(Idiopsychological Ethics)，一爲非特別心理學的倫理學(Hetero Psychological Ethics)。非特別心理學的倫理學復分三類：一爲快樂主義的倫理學(Hedonistic Ethics)以霍布斯(Hobbes)、郝爾維休(Helvetius)、邊沁(Bentham)、密爾(Mill)、斯賓塞爾(Spencer)等爲代表；二爲尊理性的倫理學(Dianoetic Ethics)以葛德俄斯(Cudworth)、克拉克(Clarke)等爲代表；三爲美學的倫理學(Aesthetic Ethics)以夏富伯里(Shaftesbury)、侯企孫(Hutcheson)等爲代表　希鳩維克(H.Sidgwick)於其所著倫理學的方法(The Methods of Ethics)中將所有倫理學說分爲三大類：即自私的快樂主義(Egoistic Hedonism)以愛璧苦兒(Epicurus)、郝爾維休(Helvetius)等爲代表；直覺主義(Intuitionism)以葛德俄斯(Cudworth)、克拉克(Clarke)等爲代表；與功利主義(Utilitarianism)以邊沁(Bentham)、密爾(Mill)等爲代表。此類分法完全以方法爲依據。但前面曾經講過，各種方法互相爲用，極難斷定某種科學僅用何種方法。所以這種分法多不合理　舉其著者如康德(Kant)的嚴正主義(Rigorism)，與盧梭(Rousseau)的自然主義(Naturalism)在倫理學說中佔重要位置，但在此種分類中卽無法加入。

第二類分法完全以問題爲分類的標準，如德國的顯爾伯(Oswald Kulpe)與美國的杜威(John Dewey)可爲代表。顯爾伯於其所著哲學概論(Einleitung in die Phieosophie)中，就道德起源，將倫理學說分爲兩大類：即先天主義與經驗主義：前者主張道德起源於天性，以笛卡兒、斯賓洛沙、康德等爲主要的代表；後者主張道德爲經驗的產物，以洛克(Locke)、郝爾維休、何爾伯克(Holbach)等爲主要的代表。就動機的性質，分倫理學說爲理智主義與感情主義：前者認道德的動機爲思維與選擇等理性作用，以蘇格拉底、柏拉圖、亞里士多德、斯多亞派、康德、赫格兒等爲代表；後者認爲道德的動機爲愛與同情等感情作用，如基督教的倫理學家，以及夏富伯里、亞丹斯密斯(A.Smith)、叔本華、孔德等可爲代表。就道德的目的，將倫理學說分爲個人主義與全體主義

：前者以道德目的在求行爲者本身或其他個人的幸福，如蘇格拉底、斯多亞派、愛爾若兒、笛卡兒、夏富伯里，康德等可爲代表；後者認道德目的在求團體的幸福，如基督教的倫理學家及孔德、赫格爾等可爲代表。就道德標準，將所有倫理學說分爲主觀主義與客觀主義兩大類；主觀主義者或以快樂爲道德的最高標準，於以形成快樂主義(Hedonism)如愛爾若兒、拉墨屈里(La-Mettrie)、何爾伯克(Holbach)等可爲代表；或以幸福爲道德的最高鵠的，於以形成幸福主義(Eudaemonism)如蘇格拉底、柏拉圖、夏富伯里等可爲代表；客觀主義者或以圓滿爲道德最高理想，於以形成完全主義(Perfectionism)，如亞里士多德、賴伯利玆(Leibniz)等可爲代表；或以進化爲道德之目的，於以形成進化主義(Evolutionism)，如達爾文、斯賓塞爾等可爲代表，或以自然生活爲道德的最高理想，於以形成自然主義(Naturalism)，如盧梭可爲代表；或以實用爲道德判斷的根據，於以形成功利主義，如邊沁、密爾等可爲代表。杜威於其與托夫斯(Tufts)合著的倫理學中，就基本觀念，分倫理學說爲鵠的主義與法規主義；就個人與社會關係，分倫理學說爲個人主義與團體主義；就決定道德性質的方法，分倫理學說爲經驗主義或結果主義與直覺主義或動機主義。景昌極氏於其所著道德哲學新論中，亦就道德問題將倫理學說派別分爲四大類：關於道德來源問題有先天主義與後天主義；關於道德對象問題有動機主義與結果主義；關於道德準則問題有良知主義、發展主義、心理快樂主義、倫理快樂主義；關於道德自由問題有決定主義與不決定主義之類。此類分法以各種道德問題爲依據，但道德現象係整個的，各種道德問題亦不可分離。歷來倫理學家無不將各方面道德問題作整個或有系統的解答，更可爲各種道德問題不可分離之證。若強加分別，不致支離，便致重複。所以此種分法亦不合理。

第三類分法完全以道德標準爲分類的依據，如英國的馬肯槳(J.Mackenzie)與劉赫德(J.Muirhead)可爲代表。馬肯槳於其所著倫理學教程(A Manual of Ethics)中，就重理性與重感情之不同，將古今道德標準分爲三大類：即一爲嚴正主義，以康德爲其主要的代表；二爲快樂主義，以愛爾若兒與邊沁爲其主要的代表；三爲完全主義以斯賓塞爾、格林(Green)等爲其主要的代表。劉赫德於其所著倫理學綱要(The Elements of Ethics)中。將過去道德標準分爲兩大派：一爲快樂主義以愛爾苦兒、邊沁、密爾等爲其主要代表；一爲克己主義，以斯多亞派與康德等爲其主要代表。此類分法完全以道德標準爲依據，問題比較單純。但道德標準係全部道德問題中的一方面，以此爲據卽有許多道德學說不能包入。其著者如馬背榮僅列舉三派，劉赫德僅列舉兩派之類。

第四類爲張東蓀的分法。張氏於其所著道德哲學中，將歷來倫理學說分爲兩大類：卽自然主義(Naturalism)與理性主義(Rationalism)。理性主義又分兩派：一爲內在理性主義，一爲超越理性主義。屬於自然主義者有快樂論、功利論及進化論；屬於超越理性主義者有厭世論或超脫論與自律論；屬於內在的理性主義者有克己論、直覺論或良心論，與完全論或幸福論。此類分法雖未說明分類標準，細加觀察似以倫理學說的性質爲依據。但倫理學說的性質既不易客觀確定，而各家對各種主義的涵義尤多不同。因之這種分法亦難免於缺點。其著者如張氏將快樂主義與功利主義同屬於自然主義，此種自然主義卽非尋常所指之自然主義；將克己主義與直覺主義同屬於內在的理性主義，則此種理性主義亦非尋常所指的理性主義。

歷來分類方法既均不合理，則欲有系統地介紹過去倫理學說，自不能不另求分類。玆另目論之於後。

第二目 合理的道德理論分類

欲得合理的道德學說分類，不能不先確立分類的標準。前面曾經講過，學術分類最可靠的標準厥爲研究對象。各派倫理學所研究的對象既同爲道德現象，則對象自不能爲倫理學說派別分類的根據。不過各派倫理學所研究的對象雖同爲道德現象，但各派倫理學家對道德現象的性質——尤其是起源與目的的看法並不一致。因各派倫理學家對道德性質的看法不一致，所以倫理學說派別的分類卽可以此爲依據。

就倫理學家對道德性質的不同看法，過去所有的倫理學說約可分爲兩大類：一爲個人主義(Individualism)，一爲整體主義(Universalism)：前者認道德的起源與目的係爲着個人；後者認道德的起源與目的係爲着整體或社會。個人主義的倫理學說復可分爲兩類：一爲積極主義(Activism)，一爲消極主義(Passivism)：積極主義的倫理學家雖說法各有不同，但均承認道德現象係人類本身努力得來的。但以各家所認爲努力的程度不一樣，所以積極主義又可分爲三派：卽極端人爲主義、適當人爲主義與自然人爲主義。極端人爲主義者，或認爲人類天性生來是惡的，所有道德現象均爲克制此種惡天性的結果，於以形成性惡主義，如中國的荀子、韓非子等可爲代表；或認爲人類天性生來是自私的，但欲各遂其私，不能不節制自己的私性，於以形成爲我或自私主義，如中國的楊子，英國的霍布斯 (Hobbes)，法國的郝爾維休 (Helvetius) 等可爲代表。適當人爲主義者認爲人類活動來源爲心靈，心靈內部含有道德可能性。心靈內部雖含有道德可能性，但必加以培養或自修，始能發展。各家對此種可能性的說法不一：有的認爲是理智，於以形成理智主義，如蘇格拉底、柏拉圖、亞里士多德，斯多亞派、斯賓洛沙、康德等可爲代表；有的認爲是感情，於以形成快樂主義或功利主義，如愛闢苦兒、侯謨(Hume)、邊沁、密爾、希鳩維克等可爲代表；有的認爲是意志，於以形成意志主義，如達爾文 (Darwin)、斯賓塞爾、尼采等可爲代表；有的認爲人類天性有善有惡，於以形成性善惡混主義，如中國的孔子、告子、揚雄、王充、程頤、朱熹等可爲代表。自然人爲主義者或認爲人類天性生來就是善的或爲他的。因人類天性生來是善的或爲他的，所以只要將此種善的或爲他的天性不加以戕害，道德卽可形成，此卽普通所謂的性善主義，如中國的孟子、董仲舒、周濂溪、程明道、陸象山、王陽明等可爲代表，與爲他主義如中國的墨子、俄國的克魯泡特金 (Kropotkin)，法國的孔德 (Comte)、居堯 (Guyau) 等可爲代表。

消極主義的倫理學家與積極主義的倫理學家大都相反：這些人或認爲道德生來就有，人類本身不必有所作爲。如有所作爲不但無益而且有害，於以形成自然主義，如中國的老子、莊子、法國的盧梭等可爲代表；或認爲人類天性是不可改變的，卽有所作爲亦屬無效，於以形成悲觀主義，如印度的釋迦牟尼，德國的叔本華等可爲代表；或認爲現實世界根本是假的，現實人生不過爲贖罪過程。現實世界既然是假的，則人類努力自無意義；現實人生既不過爲贖罪過程，則人類本身自不能有所作爲，於以形成超脫主義，如耶穌基督與其門徒可爲代表。

整體主義的道德理論約可分為三派：卽直覺主義（Intuitionism）、國家主義與民族主義（Nationalism）：直覺主義的學者認道德規律是先個人而存在的，個人所為者不過加以瞭解或直覺而已，如英國的葛德伐斯、夏富伯里、侯企孫、亞丹斯密斯、馬諦腦、亞歷山大等可為代表。國家主義的學者以道德為國家所產生亦藉國家以實現，如德國的赫格爾可為代表。民族主義的學者認道德為民族所產生，亦以實現民族生活為目的。茲依此分類分別介紹過去各派道德學說，並先介紹極端人為主義。

本節參考書：

1. 張東蓀：道德哲學；
2. 景昌極：道德哲學新論；
3. J. Martineau: Types of Ethical Theory; Introduction,
4. H. Sidgwick: The methods of Ethics; Book I, ch Ⅳ;
5. J. Dewey and Tufts: Ethics; p. II;
6. J. Mackenzie: A manual of Ethics;
7. G. Muirhead: The Elements of Ethics;
8. W. Wundt; Ethics, vol. II, ch. Ⅳ;
9. O. Küelpe: Einleitung in die philosophie。

第五章　極端人爲主義的道德理論

第一節　性惡主義的內容與批評

第一目　性惡主義的內容

極端人爲主義者，認爲人類天性不但是不道德的（A or Non—moral），甚且是反道德的（Anti—or Un—moral）。因人類天性是反道德的，所以道德現象的產生決非由於天性發展，乃由於社會陶冶。換句話講，道德的來源是後天的或外來的，非先天的或內在的。但以各家立論不同，極端人爲主義約可分爲兩小派：卽性惡主義與自私主義。

性惡主義的學說不但在中國發生甚早，而且在古代頗佔勢力。此種學說最主要的代表爲儒家的荀卿與法家的韓非等。荀卿在性惡篇裏面用種種事實說明人類天性是惡的。如：「今人之性，生而有好利焉。順是，故爭奪生而辭讓亡焉。生而有疾惡焉。順是，故殘賊生而忠信亡焉。生而有耳目之欲，有好聲色焉。順是，故淫亂生而禮義文理亡焉。然則從人之性，順人之情，必出於爭奪，合於犯分亂理，而歸於暴。」人類天性旣然是惡的，何以能有道德行爲？荀卿認爲這是由於反對的要求。所謂反對要求，就是本身缺少什麼就需要什麼。因本身缺少什麼就需要什麼，所以本身性惡卽需要爲善。因此他說：「凡人之欲爲善者爲性惡也。夫薄願厚，惡願美，狹願廣，貧願富，賤願貴。苟無之中者，必求於外。故富而不願財，貴而不願勢。苟有之中者，必不及於外。用此觀之，人欲爲善者，爲性惡也。」不過要使人民辭讓，天下太平，專恃反對要求的天性還不夠；必須加以「師法之化，禮義之道」，或社會陶冶的功夫。實施陶冶的工具，荀卿認爲有兩個東西：卽禮與樂。荀卿所謂的「禮」，頗似現代所謂的尊重或服從社會權威（Social Authority）。這種社會權威有三個來源或基礎——天地、祖先、君師　所以他在禮論篇裏說：「禮有三本：天地者生之本也，先祖者類之本也，君師者治之本也。無天地惡生？無先祖惡出？無君師惡治？三者偏亡焉無安人。故禮上事天，下事地，尊先祖而隆君師，是禮之三本也。」不過禮或社會權威僅能範圍行為的外表，不能支配行為的動機。這樣陶冶尚不徹底。所以在禮以外還要有樂。荀卿所謂樂即現代所謂的音樂。他在樂論篇裏說：「夫樂者樂也，人情之所必不免也，故人不能無樂。樂則必發於聲音，形於動靜。而人之道，聲音動靜，性術之變盡是矣。故人不能不樂，樂則不能無形；形而不為道，則不能無亂。先王惡其亂也，故制雅頌之聲，以感動人之善心，使夫邪汚之氣，無由得而接焉。」這是荀卿的性惡學說

韓非學說不但完全以荀卿的性惡主義為根據，而且將荀卿的性惡主義加以發揮，使其達於徹底。如荀卿雖然主張性惡，但認為尚有反對的要求，或為善的天性。甚至於不但認為人類有為善天性，而且認人類具有一種「善心」。所以荀卿頗富善惡二元主義色彩。韓非則不然，他認為人類生來即是絕對性惡或利己的東西。因此人類一切活動的動機均不外乎自己的名利：如醫生望人多病，賣棺材的人望人多死，明為自私，固無論已。即父子之間亦難免於利己的打算：如常人生男則賀，生女則殺，實因男子將來對己有利。父子尚且如此，其他如夫婦、君臣的關係，更不待論。因人類天性都是惡的或自私的，所以治國的要具即為法律，或具有強制性的道德。他在心度篇說：「治民無常，唯治為法；法與時轉則治，法與時宜則有功。」又說：「聖人之治民也，度於本而不從其欲，期於利民而已。故與之刑，非所以惡民，愛之本也。刑勝而民靜，賞繁而姦生。」他認不但法律為治國的要具，而且認刑法為治國唯一的工具。所以他說：「母之愛子也倍於父，而父令之行也十倍於母。吏之於民也無愛，而其令之行也萬於父母。父母積愛而令窮，吏用威嚴而民聽，嚴愛之策可決矣。」因法是治國的唯一工具，所以他極端反對德治主義，認為仁義都是毫無用處的。所以他說：「流涕而不欲刑者仁也，然而不可不刑者法也。先王勝於法而不聽其泣，則仁之不足以為治明也。且民服勢而不服義。仲尼聖人也，以天下之大，而服從之者僅七十人；魯哀公下主也，南面為君，而境內之民無敢不臣者。今為說者不知乘勢，而務行仁義，是欲使人主為仲尼也。」法律是治國唯一的要具，所以治國首要，即在明定法律。法律定了以後，

任何人都要遵守，犯者必罰。犯法者必罰，人自然不敢犯法，則國自治。所以他說：「人不恃其身爲善，而用其不得爲非。待人之自爲善，境內不什數，使之不得爲非，則一國可齊而治。」這是韓非的性惡學說究竟對不對？茲另目加以檢討。

第二目　性惡主義的批評

性惡主義的學說最主要者有兩點：第一點，人類天性完全是惡的，或自私自利的；第二點，所有道德行爲或道德現象完全是後天或社會製造出來的。這兩點均有未妥。茲就事實與邏輯兩方面加以批評。

就事實來講，現代心理學家告訴我們，人類天性最主要者爲生存本能、異性本能、自由本能與社會本能等。由這些本能衝動以產生各種感情，由這些本能活動以產生各種理智。因此這些本能爲人類一切活動的來源。生存本能卽荀卿所謂的「生而有好利焉」，韓非所謂的利；異性本能卽荀卿所謂的「生而有好聲色焉」；自由本能卽荀卿所謂的「生而有疾惡焉」，韓非所謂的名。所以荀、韓二氏對於人類天性的內容大致看得相當正確。但是這些本能的本身是無所謂道德不道德的。究竟合乎道德或不合乎道德，要看其如何表現或如何選擇以爲斷：如生存本能倘以之促進經濟生產則變爲善的，倘以之從事搶竊則變爲惡的——是卽荀卿所謂的「順是故爭奪生而辭讓亡焉。」異性本能倘以之生育子女，以繼續社會生存則變爲善的，倘以之從事姦淫則變爲惡的——是卽荀卿所謂的「順是故淫亂生而禮義文理亡焉。」自由本能倘以之征服環境或異族以保持本身自由則變爲好的；倘以之爭權奪勢則變爲惡的——是卽荀卿所謂的順是故殘賊生而忠信亡焉」。因此人類天性備有一種惡的可能性，並無惡的現實性。荀卿認爲天性有惡的現實性與事實不符。至韓非所謂醫生望人多病，賣棺材的人願人多死，卽或是一種事實，亦由其職業使然，並非天性使然。這是性惡主義第一點的不符事實。

同時在前面曾經講過，道德現象形成的客觀起源，卽爲社會需要道德。因社會需要道德，所以社會不但設法去培植道德，如道德教育；而且設法去實現道德，如輿論制裁。道德教育與輿論制裁，對於道德現象形成異常重要，足見荀、韓二氏後天主義的學說，亦有一部份眞理。但他們認爲道德是完全後天的，或客觀起源爲唯一的起源，則與事實不符。事實告訴我們，道德現象所以能形成，除掉客觀起源以外，尚有主觀起源，即人類的選擇自由 因人類有選擇自由，所以社會製定種種規律，以指導人類本能的活動，使其發生善的行爲：例如人類有生存本能，社會即指導其從事生產或由勞動以得食；人類有異性本能，社會即指導其在一定方式之下成立家庭，以撫育子女，以綿延種族；人類有自由本能與社會本能，社會即指導其從事社會組織，以積極適應客觀環境，以釐定各份子間之分際或關係。因此道德是利導人類天性的，並非遏制人類天性的。倘使遏制人類天性，不但道德不可能，而且社會本身亦必隨之而消滅。這是性惡主義的第二點不符事實。

就邏輯來講，荀、韓二氏學說極多矛盾之處：例如荀卿一方面主張性惡，另一方面又主張有反對的要求。反對要求實即善的要求。所以荀卿無形中由性惡一元論走到善惡二元論。他在樂論篇裏更明白主張「雅頌之聲足以感動人之善心。」一面主張性惡，一面又謂人有「善心」，其前後矛盾尤爲明顯。韓非學說亦有不少矛盾之處：如韓非主張人類天性都是自私自利，或絕對是惡的；所以想使社會安定，仁義毫無用處，唯一的工具即爲刑法。人類天性既然都是自私自利或絕對惡的，則立法者的天性亦必爲惡的。立法者天性既然是惡的，他們所立出來的法亦必是惡的，或自私自利的法。自私自利的法不但不能使人服從，而且即用暴力強人服從，社會亦無由安定。因惡的法即爲亂的法。亂的法決不能使社會不亂。韓非認刑法可以治國，即可以使社會安定，必承認立法者本身是善的，或不自私自利的。如是個人天性即非善惡並存，人類天性亦必善惡並存：即有惡人亦有善人。善人即他所稱的「聖人」或「先王」。如是一方面主張人類天性都是惡的，另一方面又主張人類尚有性善的「聖人」或「先王」，亦不免於自相矛盾。

因性惡主義既不合乎客觀事實又不合乎邏輯，所以性惡主義在漢朝以後即遭淘汰。性惡主義所以然在漢朝以後即遭淘汰，並非由於儒家的政治勢力，乃由於本身的不健全。與性惡主義相近但不完全相同者爲自私主義或爲我主義 玆介紹之於後。

本節參考書：

1. 蔡元培：中國倫理思想史，第一期，第六章，第十三章；
2. 三浦藤作著，張宗元譯：中國倫理學史，第一篇，第二章第三節，第六章第四節；
3. 熊公哲：荀卿學案；
4. 陳登元：荀子哲學；
5. 楊筠如：荀子研究；
6. 陶師承：荀子研究；
7. 陳啓天：中國法家概論；
8. 王先慎：韓非子集解；
9. 久保愛：荀子增註。

第二節 爲我或自私主義的內容與批評

第一目 爲我或自私主義的內容

爲我主義最主要的代表爲中國的楊朱，自私主義最主要的代表爲英國的霍布斯(Th. Hobbes)、法國郝爾維休(Helvetius)等 這幾個人學說所發生的時代與所處的社會雖多不同，但其學說內容頗多共通之點，因合併討論。

楊朱學說在中國春秋時代頗佔勢力，所以孟軻說：「楊朱墨翟之言盈天下，天下之言不歸於楊則歸於墨。」（滕文公下）。不過楊朱的學說在春秋時代雖頗佔勢力，秦漢以後卽湮沒無聞 （魏晉六朝之頹唐思想多爲當時社會的反映，與楊朱學說無關。）甚至於連楊朱的著作亦無人傳述。目前關於楊朱的學說僅有列子裏面的楊朱篇，以及孟子滕文公篇下、盡心篇上，韓非子說林上下，莊子應帝王、寓言、山木等篇裏面的零星記載。但由楊朱篇以及各家零星記載頗可以看出楊朱學說的整個系統：楊朱可以說是一個極端唯物主義者。他認爲宇宙本體是物質的，宇宙間各種變遷完全是機械的 因宇宙本體是物質的，所以人生最主要的卽是肉體，肉體是各人不同的，所以宇宙間最眞實的東西即爲個人，其他一切超個人的東西均爲虛幻，於以形成極端的個人主義。同時宇宙間各種變滅完全是機械的，所以個人的一切完全是命定的，即個人本身不能絲毫有何作爲，於以形成命定主義(Fatalism)。宇宙間最眞實者旣只有個人，個人一切又完全命定——尤其是人必有死。所以人生理想即在追求個人生時的快樂。至於他人的快樂只要不加妨礙便可，不必對其營求　所以他有名言：「古之人損一毫而利天下不爲也，悉天下以奉一身不取也。人人不損一毫，人人不利天下，則天下自治」。於以形成其自私主義。人生最主要的旣爲肉體，所以求個人生時的快樂，即爲求肉體的快樂。所以他說：「耳所欲聞者聲音，而不得聽之，謂之閼聰；目所欲見者美色，而不得見之，謂之閼明；鼻所欲向者椒蘭，而不得嗅之，謂之閼顫；口所欲道者是非，而不得言之，謂之閼智；體所欲安者美厚，而不得從之，謂之閼適；意所欲爲者放逸，而不得行之，謂之閼往。凡是諸閼，廢虐之主。去廢虐之主，則熙熙然以俟死；一日一月，一年十年，吾所謂養也。」至於超肉體的名譽則是空的，毫無追求價值　所以他說：「天下之美歸之舜、禹、周、孔，天下之惡歸之桀、紂　然而舜者天民之窮毒者也，禹者天民之憂苦者也，周公者天民之危懼者也，孔子者天民之遑遽者也。凡彼四聖，生無一日之歡，死有萬世之名。名固非實之所取也，雖稱之而不知，雖賞之而不知，與株塊奚以異？桀者天民之逸蕩者也，紂者天民之放縱者也。之二兇者生有縱慾之歡，死有愚暴之名。實固非名之所與也，雖毀之而不知，雖稱之而不知，與株塊奚以異？於以形成其快樂主義　這是楊朱爲我主義的學說。

霍布斯於其所著巨靈(Leviathan)中，亦提倡一種唯物主義的機械主義(Materialistic Mechanism)。他認爲宇宙間眞實存在的東西不是物質(Matter)便是運動(Motion)。所謂心理現象，不過爲身體內部運動的表現。身體所欲求者即爲本身的保存或提高。因此凡有益於生存的東西都是快樂，凡有害於生存的東西都是痛苦。人類無不好樂畏苦，足見人類都是求自己生存或自私的東西。人類有時候不求目前快樂者，是想將來得到更大的快樂；有時候願意助人者，是想由助人自己得到一種好處或一種名譽。總之，「所有的社會不是求利便是求名」　因此所有的道德都是爲己的，並不是爲人的：例如親愛與友誼不過是希望他人對他親愛，對他有幫助；博愛(Benev ence)也是希望他人對他有同樣的回答。因個人都是求自已生存的，都是自私的；所以有益於他生存的東西，他就認爲善；反之他就認爲惡，因此善惡完全不是相對的，不是絕對的。這是霍布斯的自私主義的學說。

郝爾維休於其所著精神論(De l'Esprit)中認人類行爲唯一的動機就是自愛或自已的快樂。自愛或自已的快樂就是道德界的法則，一切德行均以此爲基礎。即正義與博愛亦不過是自愛的產物。所以道德就是愛人以開拓自愛，不道德就是想直接達到自愛。行爲唯一的動機既爲自愛或自已的快樂，所以除了給人以公共的快樂以外，教人爲善是無用的。道德家主要的任務就在說明德行與個人快樂的一致性。這是郝爾維休自私主義的學說。這些人的學說對不對？亦不能不加以批評。

第二目　爲我或自私主義的批評

爲我或自私主義者的說法雖多所不同，但有幾個共同之點：第一，他們都是唯物主義者，即認宇宙萬象均爲物質之表現；第二，他們都是機械主義者，即認識宇宙萬象均循因果法則而變遷；第三，他們都是命定主義者，即認人類一切均受因果律之支配，本身不能絲毫有所作爲；第四，他們都是個人主義者，即認個人可以自給自足或孤立的東西；第五，他們都是自私主義者，即認個人是以自我爲中心的，所謂道德亦不過爲自私的結果；第六，他們都是快樂主義者，即認人生目的在於追求快樂——尤其是肉體的享樂。

現在要批評爲我或自私主義即須以這幾個共同點爲對象。不過這幾個共同點中的唯物主義與機械主義屬於玄學範圍，此處用不着批評；快樂主義與後面所講的快樂主義及功利主義有密切的關係，留待一同批評。現在所批評者僅爲命定主義、個人主義與自私主義。

命定主義是由機械主義推演出來的。機械主義者認宇宙萬象均循因果法則而變遷。人類爲宇宙萬象的一種，所以人類一切活動均受因果法則之支配。人類一切活動既受因果法則之支配，所以人類本身毫無自由。人類本身既毫無自由，則人類本身自不能有所作爲。人類本身既不能有所作爲，勉強作爲是毫無用處的。勉強作爲既毫無用處，自不如安天知命或乘化待盡，以形成頹唐主義。命定主義或頹唐主義實際上就是前面所講的決定主義。決定主義的錯誤，前面已經批評：即決定主義者僅看到宇宙萬象變遷的因果法則而沒有看到目的法則。因宇宙萬象的變遷除因果法則以外尙有目的法則，所以人類在一定範圍以內可依照自己的目的去作爲一切，即具有選擇自由——如爲善或爲惡之類。因此命定主義不合眞理。

個人主義者認爲個人(Individual)是可以自給自足或孤立的。因個人是可以自給自足或孤立的，所以個人不需要與他人發生關係，亦最好不與他人發生關係。個人與個人既不發生關係，自無鬥爭。個人與個人既無鬥爭，天下自然太平。是即楊朱所謂的「人人不損一毫，人人不利天下，則天下自治。」實際上個人是不是能自給自足或孤立？事實告訴我們，是不能的：例如個人之生決不能自生，必須經過其父母；其父母必須經過其祖父母；推而上之以至無窮。其父母與祖父母等均爲其他個人。因此離開其他個人即不能有兒童。同時個人之長成必須父母之直接撫育，社會之間接撫育；個人之知識與技能必須教師有意識地傳授，社會無意識地傳授。所以離開社會即不能有成人——尤其是有文化修養的成人。成人必須與其他成人分工合作——如男女分工、社會分工之類，始能實現其本身的生存與自由。如男依賴女，女依賴男，農依賴工，工依賴商，商依賴官吏，官吏依賴學者，學者依賴教師，教師又依賴農、工、商之類。甚至於一個人死的時候還需要其他個人爲之埋葬，爲其開追悼會。由此看起來，每個個人由生到死都是離不開其他個人。換句話講，就是每個個人都是生於羣，死於羣的。因每個個人都是生於羣、死於羣，所以每個個人必與他人發生種種關係，即「人人爲我，我爲人人。」。人人既然要爲我，我既然要爲人人，則人我之間自有取有與。人我之間既有取有與，則楊朱所理想的，人人孤立的世界，或人人不損一毫不利天下的世界是一種烏托邦(Utopia)。無政府主義發生極早迄無實現可能，即爲楊朱理想烏托邦之證明。這是個人主義的錯誤。

自私主義者認「我」(Ego)爲宇宙萬象的中心。因「我」爲宇宙萬象的中心，所以「我」爲一切活動的目的。「我」爲一切活動的目的，所以宇宙間其他一切——包括人類在內，均爲實現「我」的手段。宇宙間其他一切——包括人類在內，既均爲實現「我」之手段，「我」自可不顧一切盡量利用他人或他物以實現「我」或滿足「我」的私慾。所謂道德亦不過是變相的自私或比較巧妙的自私，並非人類生來有道德性或爲他性的。此種學說較之個人主義尤爲錯誤。天文學家告訴我們，地球不過爲許多行星中的一個。這許多行星圍繞着一個恆星(太陽)運行，構成一個太陽系統。太陽系統不過爲星河中許多恆星系統的一個，所以不但地球不能爲宇宙的中心，連太陽亦不能爲宇宙的中心　地球或太陽尚不能爲宇宙中心，「我」或個人何能爲宇宙的中心？「我」或個人不但非宇宙的中心，並且非地面萬物的中心：地質學家告訴我們，地球自太陽濺出以後，不知經過多少年才凝結地殼。地殼凝結以後不知經過多少年才有生物。生物產生以後，不知經過多少年才有動物。動物產生以後，不知經過多少年才有人類。人類不知道死過多少，才有一個「我」。所以「我」不過爲無盡空間、無窮時間、無數人類中某一個地方、某一個時候、某一個人羣裏面的一部份表現。換句話講，「我」非宇宙萬象的中心。「我」既非宇宙萬象的中心，「我」自不能爲一切活動的目的。實際上「我」不但不能爲一切活動的目的，而且就某一方面說，「我」不過爲實現大我的工具。因「我」不過爲實現大我的工具，所以離開大我，「我」即無意義，好像一個細胞脫離人體，即變爲無意義一樣。因「我」離開大我即變爲無意義，所以「我」的實現必有助於大我的實現，方有價值——即直接實現自我，間接實現大我；決不能妨礙大我的實現。其他個人亦爲大我的部份表現，所以既不能妨礙大我，亦不能妨礙他人。因離開大我自我即無意義，所以自己只是一個抽象名詞，自我感覺只是一種幻覺。因自我只是一個抽象名詞，自我感覺只是一種幻覺，所以即偶有極端自私主義者，其結果仍於不知不覺之間爲着大我：如資本家之爲大我累積資本，政治家之爲大我擴充領域，科學家與藝術家之爲大我增加自由……。因自我直接離不開大我，間接離不開其他自我，所以人類生來有一種愛大我，愛他人的本能。因人類生來有一種愛大我的本能，所以遇到大我危急的時候，自我往往不惜自我的犧牲以求維護大我，如爲民族生存而犧牲的戰士。因人類生有愛他人的本能，所以對於他人亦有惻隱之心。因此道德並非自私的結果。

性端主義者與爲我或自私主義者均屬錯誤，足見道德並非與人性相反，或完全人爲的東西 換句話講，即道德起源實有一部份出於天性。茲進而分析適當人爲主義。

本節參考書：

1. 蔡元培：中國倫理學史，第二期，第六章；
2. 三浦藤作著，張宗元譯：中國倫理學史，第一篇，第四章；
3. 顧 實：楊朱哲學；
4. 陳此生：楊朱；
5. 蔣竹莊：楊墨哲學；
6. 郝爾維休著．楊伯愷譯：精神論；
7. 三浦藤作著，謝晉卿譯：西洋倫理學史；
8. H. Sidgwick: The Methods of Ethics, Book II;
9. W. R. Sorley: Ethics of Naturalism; P. I, ch. II;
10. B. Rand: Classical Moralists, ch. XIV;
11. Dittrich: Geschichte der Ethik, Bd. III;
12. Hobbes: Leviathan;
13. Helvetius: De l'Esprit;
14. Helvetius: De l'Homme, des Sesfacuetes intellectuelles et de Son Education.

第六章　適當人爲主義的道德理論

第一節　理智主義的內容與批評

第一目　理智主義的內容

適當人爲主義者認人類生來雖有非道德或反道德的天性，亦有合乎道德的天性。因人類既有非道德或反乎道德的天性，又有合乎道德的天性；所以應當盡量發展合乎道德的天性，使其能控制非道德或反乎道德的天性，以發生善的行爲。不過各派倫理學家所認定合乎道德天性的性質極不相同：有的認爲是理智，於以形成理智主義（Intellectualism）；有的認爲是感情，於以形成快樂主義（Hedonism）與功利主義（Utilitarianism）；有的認爲是意志，於以形成意志主義（Voluntarism）；有的認爲人類天性是善惡混，於以形成性善惡混主義。茲先研究理智主義。

理智主義最主要的代表爲歐洲古代的蘇格拉底(Socrates)、柏拉圖(Plato)、亞里士多德(Aristotle)、斯多亞派(Stoics)、歐洲近代的斯賓洛沙(Spinoza)、康德(Kant)、格林(Green)等。蘇格拉底認道德基礎在於知或智慧。知或智慧是客觀的，所以道德也是客觀的。卜綠塔葛拉斯(Protagoras)所謂道德係主觀或「人爲萬物尺度」的學說，完全錯誤。同時因道德的基礎在於知或智慧，所以罪惡的來源即爲愚昧。一般人所以爲惡，多由於不知是惡。因此要爲善必先求知——尤其是知善。要求知必先自知。所謂自知，即知道自己的無知或愚昧，以及自己的心裏有一種反道德的慾情(Passion)應當管制。自知無知以後，才能虛心；虛心以後，才能努力求知。自知慾情應當管制以後，才能實行管制；慾情管制以後，才有自由；有自由以後才能知善而爲善。所以蘇格拉底的中心學說即爲「知道你自己」(Know thyself)。

柏拉圖分宇宙萬象爲兩個世界：一爲觀念世界，一爲現實世界。觀念世界是永遠不變的，是眞的，也是完善的。現實世界是多變的，是假的，也是有缺陷的。因宇宙萬象分爲兩個世界，所以人生亦分爲兩部份，即心與身。心是屬於觀念世界的，身是屬於現實世界的，所以心重於身。心的內容有三：理性(Reason)、感情(Feeling)、與情慾(Appetite)。情慾與感情是盲目的，易於衝動；所以欲使心靈和諧，必須由理性加以管束。因此理性爲心靈最高或最理想的部份，所以各種德行多以理性爲基礎：如智慧(Wisdom)由理性直接產生，固無論已；節制(Temperance)則爲感情與情慾對理性的服從，正義則爲各部份心靈和諧的表現。惟勇敢(Courage)直接出於感情。同時因理性是心靈最高或最理想的部份，所以富於理性的人應研究哲學，爲國王，以領導國家；富於感情的人則只能當兵以衛國家；富於情慾的人則只能從事實業以養國家。所以柏拉圖是一個徹底的理智主義者。

亞里士多德於其所著尼可馬與倫理學(Nicomachean Ethics)，中謂人類活動均有一個目的。有些活動是自爲目的，有些活動是爲達到另一個目的的工具。所以各種目的之上，必有一個最高目的。這個最高目的普通稱之爲幸福(Wellbeing)。但一般人認幸福卽爲快樂(Pleasure)、財富(Wealth)或名譽(Honour)，實是錯誤。因有些快樂根本不應享受；至於財富與名譽則不過爲得到幸福的工具，所以幸福不能不另求解釋。我們知道，各個人也和人體裏面的各機關一樣，各有特殊作用(Special Function)。我們判斷某個機關好不好，就看他能不能發生他的特殊作用。因此人生幸福就在完成人的特殊作用。心是一個人最主要的東西。因此要確定人的特殊作用，不能不先確定心的性質。人心最主要的可分爲兩部份：卽有理性的部份與無理性的部份。無理性的部份又分爲無意識的原素與有意識的元素。無意識的元素，包括繁殖、營養與生長，爲所有生物所同有。有意識的元素如感情與慾望則爲人與動物所同有。至於理性部份則爲人類所獨有。因此人之所以爲人在於獨具理性。人之所以爲人既在獨具理性，所以理性卽爲人的特殊作用。因理性爲人的特殊作用，所以要求眞正的幸福必須盡量發展理性，並用理性去管制慾望與感情。因此所謂幸福卽合乎理性的心靈活動。而合乎理性的心靈活動實爲人類活動的最高目的，亦應爲道德判斷的最高標準。

斯多亞派最主要的代表爲齊諾(Zeno)。他認宇宙萬物均是上帝創造出來的。這個上帝可名之爲世界心靈

(World-Soul)或世界理性(World-Reason)。因宇宙萬物均是上帝創造出來的，所以上帝即寓於宇宙萬物之中。因上帝寓於萬物之中，所以宇宙萬象均含有神性。人爲宇宙萬物之一種，所以人亦有神性。人所有的神性即爲理性(Reason)。這種神性或理性是生來的，所以是自然的。因此人生的理想即爲適合此種自然的或生來的理性。至於感情(Passion)不過爲有理性心靈的一種變態或無秩序的狀態，牠可以產生種種錯誤判斷，聰明人必將牠徹底剷除。因此最幸福的人或聖人就是無情的人，他可以完全依照他自己的天性或理性去生活，不爲任何外物所煩擾。這是歐洲古代理智主義的學說。

歐洲近代第一個理智主義的代表當推斯賓洛沙(Spinoza)。斯賓洛沙爲笛卡兒的信徒。但斯賓洛沙雖爲笛卡兒的信徒，僅接受其理性主義(Rationalism)，對於二元主義(Dualism)則修改爲平行主義(Parallelism)。他在所著倫理學(Ethica)中，謂神即爲自然。神或自然爲絕對的，無限的實體，自爲存在的原因。宇宙萬物均爲神或自然之部份表現，人類亦係如此。人雖有身心兩個屬性，但完全適合或互相平行，不是笛卡兒所謂互不相關的。每個身體內面都有一個觀念(Idea)。這個觀念爲身體的目的，亦爲心的內容。所謂感情(Affect)亦爲觀念之一種。基本感情可分三種，即慾望、喜樂與悲哀。慾望是心的生存要求，促進生存要求的便是喜樂，妨礙生存要求的便是悲哀。所以生存要求爲感情的中心。滿足生存要求最穩當的道路即爲受理性的指導。因理性是人人具有的，所以在理性指導之下，每個人的生存可以互相一致而不衝突。所以由理性指導的一切行爲都是善的，反之都是惡的。實際上理性亦可以統治感情。由理性統治感情的結果，人類不但可以瞭解永久的上帝，而且可以與永久的上帝合而爲一，以得到真正的幸福。

康德(Kant)認人類生而具有理性(Vernunft)。這種理性活動於思維方面，謂之純粹理性(Rein Vernunft)，活動於意志方面謂之實用理性(Praktische Vernunft)。實用理性爲評判善惡的東西，因此人類生來具有道德概念。因人類生來具有道德概念，所以道德是內在的。因道德是內在的，所以考察道德行爲要注重動機。動機善才是絕對的善，至於外面的結果，或如快樂，則不過爲相對的善。所以善——尤其是絕對善，是自爲目的，不是爲達到其他目的的工具、同時理性爲人類所同有，所以由於理性產生的道德律(Moral law)是一種客觀的東西，與某個人甚至於某個種族的特性毫無關係　因此道德律對於一切有理性的人類成爲一種絕對的命令(Categorical Imperative)、基本的絕對命令爲：「拿可以爲公認的法則爲準則去行動！」由這個基本的絕對命令推演出三個特殊的公式：一爲：「要使你行動的準則能成爲自然界的共同法則！」。二爲：「要把一切人當作目的，不要祇當作手段看待！」。三爲：「拿一般理性動物(人)爲你行爲的立法者去行動！」　要使絕對命令能夠生效力，卽人類行爲能合乎道德，非有意志自由，心靈不死和上帝的存在不可。所以康德在實用理性評判內卽證明這三個東西都是實在的。因爲康德主張人類要服從理性的命令，爲道德去實行道德，所以一般人稱他的學說爲嚴正主義(Rigorism)，以示與功利主義(Utilitarianism)截然不同。

費希特(Fichte)認絕對我(Absolute Ich)爲宇宙的本體，宇宙萬象均爲絕對我的表現。由絕對我生出非我(自然)與我。我與非我或自然是反對的東西。由於反對產生活動，由於活動產生勝利。由於活動與勝利以產生道德。所以向上努力的活動卽爲道德，不活動或靜止卽爲罪惡。活動的結果雖可產生快樂，但活動的目的並不是爲快樂。因活動是我的本質，所以活動自爲目的，卽爲活動而活動。就活動自由的程度不同，道德可以分爲四個等級：卽本能活動、快樂主義的道德、專制主義的道德、與眞道德。所謂眞道德就是認識自己的自由，又認識他人的自由，爲義務而盡義務的活動。只有眞道德纔是最高的道德。所以費希特的倫理學說不過爲康德倫理學說的推演。

格林(Green)於其所著倫理學緒論(Prolegomena to Ethics)中，認宇宙本體爲世界精神(World-Spirit)或神聖知覺(Divine Consciousness)。宇宙萬物均爲此世界精神或神聖知覺之表現，人類亦係如此。倘以個人名爲小我，則此種世界精神或神聖知覺卽爲大我。個人或小我雖具有身體、本能、慾望、情感、感覺、智慧等，僅智慧一部份最近於大我。智慧一部份所以最近於大我，卽因其能夠自覺(Self-Consciousness)。同時此種能夠自覺的智慧亦爲人類獨具的特色——卽爲其他萬物所無有。因人類具有自覺的智慧，所以人類雖與其他動物同具本能、慾望、情感與感覺，人類本能可由衝動變成希望，人類慾望可由需要變為理想，人類情感可由享受變為滿足，人類感覺可由印象變為知覺。因智慧可以影響本能、慾望與情感，所以人類享有自由。因人類享有自由，所以人類不但知善，而且可以為善。人類由知善為善，直接以實現其本身（小我）或智慧，間接以實現宇宙本體（大我或神聖的知覺）。因此格林學說普通又稱為自我實現主義。這是歐洲近代理智主義的學說。這些理智主義的學說究竟對不對？茲另目加以批評。

第二目　理智主義的批評

理智主義的代表既多，說法又不一致。但於這些不同的說法中，可以看出幾個共同的中心：就玄學方面說，上述的理智主義者除亞里斯多德、斯賓洛沙以外，多為唯心主義者，即認宇宙萬象均為心靈或精神之表現，連物質亦不能例外。同時他們除斯賓洛沙以外，多為目的主義者，即認宇宙萬象均依某種最高目的而變遷。就倫理學方面說，他們多為不決定主義者，即認人類意志可以自由作為。他們均為理智主義者：如蘇格拉底以德行等於智慧，柏拉圖認智慧為一切德行之基礎，亞里士多德、斯多亞派與斯賓洛沙認人生最高目的為合乎理性的生活，格林謂自覺為道德來源，均明白尊重理智，固無待論。他如費希特認真道德只為認識自己自由，而又認識他人自由，為義務而盡義務的活動。能認識自由者只有理性，所以費希特亦於無形中推崇理性。他們有一部份為動機主義者（Motivist），其著者如康德認評判行為的對象僅為動機，動機善即為善行，動機惡即為惡行，至於結果如何是可以不問的。他們大部份為形式主義者（Formalist），其著者如斯賓洛沙、康德、格林等均認倫理學僅確定抽象道德原則即可，至於具體道德內容是用不着研究的。唯心主義與目的主義屬於玄學範圍，用不着批評。不決定主義前面已經批評。因此現在尚須批評者僅為理智主義、動機主義與形式主義。

前面曾經講過，道德形成的主觀起源，或道德所以有產生的可能，因為人類具有選擇自由。所謂選擇自由，即人類本身可以決定為善抑為惡。人類所以能具有選擇自由，一方面因為宇宙萬象的變遷均循一定的法則（因果法則與目的法則），另一方面人類具有理智。因為人類具有理智，所以人類能一方面瞭解自己的目的，另一方面瞭解外界法則。於是利用外界法則以實現本身目的——善。例如吾人乍見孺子將入於井，理智始則告訴我們，孺子入井必死，見死不救非德，於以確定救的目的。繼則告訴我們救的方法，如或抱之離井——利用距離法則，或用物蓋井——利用物有不可入性的法則等，以實現救的目的——善。倘使不是理智告訴我們，孺子入井必死，見死不救非德，即無以確定救的目的。因此理智對於道德的形成異常重要。就這方面說，理智主義實含有一部份真理。理智對於道德形成雖異常重要，但非主要因素，尤非唯一因素。現代心理學告訴我們，行爲主要發生於意志，即行爲主要服從意志的命令。理智欲影響行爲必須透過意志，即理智不能單獨影響行爲。因此理智與意志的關係，好像帶兵官（將領）與參謀長的關係一樣。參謀長雖可貢獻意見於將領，但將領對於參謀長的意見可以接受，可以不接受；意志亦不一定完全接受理智的忠告。因此雖理智告訴我們，見孺子入井必救，但實際上亦有見孺子入井不救的人——如惡人，行爲主要的來源既爲意志，理智對於意志只如參謀長對於帶兵官，所以理智不是行爲的主要決定者。更非唯一的決定者。因理智不是行爲主要的決定者，所以知善雖可爲善，但不一定爲善；知惡雖可避惡，但不一定避惡。實際上知善而不爲善，知惡而不避惡的人甚多。理智主義者或認理智爲道德行爲主要的決定者，或認知善一定可以爲善，均不合乎事實。

動機爲行爲的直接來源：一個計劃未發出以前謂之動機，發出以後謂之行爲。因此動機與行爲爲不可分的一個整體，即動機爲潛在的行爲，行爲爲實現了的動機。因動機爲潛在的行爲，所以要有善的行爲一定要有善的動機。善的動機雖有時亦可發生惡的行爲，如偶然錯誤；但偶然錯誤，必爲少數。同時必須由善的動機以產生善的行爲才是眞正善的行爲。其偶然的善行，也和偶然的錯誤一樣，毫無價值。就這方面說，動機主義有相當道理。動機雖然重要，但以藏在個人意識之中，外人多不可得而知。因此善的動機必須有善的行爲來表證。同時善的動機本身不能發生影響，而道德是要實現人類共同生活的。無影響的動機自不能實現人類共同生活之目的。例如乍見孺子將入於井，必須實行救（行爲），然後才能免孺子於死。倘使只是想救而不搶救，是毫無用處的。所以一萬個善意不如一個善行。動機主義者以動機爲評判行爲的唯一根據，自難免於錯誤。

形式主義是根據動機主義來的：即動機既為行為判斷唯一對象，或行為的主要部份；倫理學只須能確定抽象道德原則，即可影響動機以達到目的。如上所論，只是動機是不可能的，亦且是無用處的。因此要判斷行為須兼顧結果，不可專顧動機。要判斷行為既然要兼顧結果，所以倫理學不能不研究具體道德內容，以期有好的結果。形式倫理學家對此完全不注意，不但忽略而且錯誤。這是對理智主義的檢討。茲進而檢討快樂主義與功利主義。

本節參攷書：

1. 三浦藤作著，謝晉卿譯：西洋倫理思想史，第四、九等章；
2. 張東蓀：道德哲學，第三章，一、二、三節，第四章，一、二、六、七節，第六章；
3. 康德著，張銘鼎譯：實踐理性批判；
4. 康德著，唐鉞重譯：道德形上學探本；
5. G.E.Moore:Principia Ethica, ch.Ⅳ;
6. Martineau: Types of Ethical Theory, P.I,BookI;
7. H.Rashdall: Theory of Good and Evil, BookI,ch.V;
8. B.Rand:The Classical Moralists ch.Ⅰ—Ⅳ,ⅩⅧ,ⅩⅩⅤ;
9. J.H.Hyslop: The Ethics of the Greek Philosophers;
10 O.Dittrich:Geschischte der EthikIB.Ⅲ,Teil;
11 A.Fouillee: Critique des Systemes de Morale Contemporains,L.Ⅳ。

第二節　快樂主義與功利主義的內容與批評

第一目　快樂主義與功利主義的內容

快樂主義與功利主義雖或重物質享樂，或重精神享樂，微有不同；但均認人生目的在於追求快樂，快樂應爲亦且實爲善惡判斷的最高準則。大體講起來，是名異而實同的東西。這種學說濫觴於亞里斯諦卜斯(Aristippus)，發揚於愛闢苦兒(Epicurus)，紹述於拉墨屈里(La-Meltrie)、郝爾維休(Helvetius)、休謨(Hume)，而普遍化於邊沁(Bentham)、密爾(Mill)、希鳩維克(Sidgwick)等。與上節所述的理智主義遙遙相對，成爲歐洲倫理思想兩大主流之一。

亞里斯諦卜斯雖爲蘇格拉底的學生，但與蘇格拉底的學說大不相同：他認爲人生目的不是在於由智慧以得到幸福，乃在於追求快樂——尤其是當時和肉體的快樂。知識與文化所以然有價值，即因爲知識與文化可以增加快樂；聰明人所以然要學習自制，即因由自制可以管制快樂，不爲快樂所管制。智慧的表現，即在於冷靜地計算在某種環境中所能夠得到的快樂。因此道德不過爲得到快樂的一種工具，幷非自爲目的。

愛闢苦兒一方面繼承亞里斯諦卜斯的快樂學說，另一方面又接受德莫克里托斯(Democritus)的唯物主義，認宇宙萬象都是物質元子構成的，人類亦爲物質元子的表現。人心最主要的內容爲感情(Feeling)，感情最重要的內容爲快樂與痛苦。所以人生的幸福在於享受快樂，避免痛苦。因此快樂成爲最高的善，痛苦成爲唯一的惡。決計沒有人放棄快樂，除非牠帶有痛苦的結果；亦決計沒有人選擇痛苦，除非由牠可以得到更大的快樂。既然有時候，快樂有痛苦的結果；有時候，由痛苦亦可以得到更大的快樂。所以我們對於快樂不能一體追求，必須加以選擇：即其愈長久、愈安定、愈少痛苦結果的快樂亦愈好。這是愛闢苦兒快樂主義的學說。

拉墨屈里於其所著人類精神自然史(Histoire Naturelle de l'Ame Humaine)，人等於植物(L'Homme-plante)，人等於機器(L'Homme machine)等書中，謂一切精神作用均爲物質的活動。人不但等於植物，而且等於機器。人生目的在於尋求快樂。精神既不過爲物質的活動，所謂快樂即爲肉體的快樂。人類既等於機器，自然沒有自由。人類既無自由，一切勸善規惡自歸無用。惡人等於病人。病人既不受懲罰，惡人亦無被懲罰的理由。這是拉懸屈里快樂主義的學說。郝爾維休的學說前面已經講過，茲不重述。

侯謨謂理性不是道德的來源，道德的來源爲慾情（Passion）。理性不過爲慾情的奴隸，除了奉事和服從以外，別無其他使命。慾情的感覺有苦有樂。痛苦的感覺爲惡，快樂的感覺爲善。同時由我自已苦樂的感覺，可以聯想到他人的苦樂。由於想到他人的苦樂，發生一種同感或同情：卽他人快樂我也感覺快樂；他人痛苦，我也感覺痛苦。他人快樂我也感覺快樂，所以要增加我的快樂，必要增加人的快樂——己所欲施之於人。他人痛苦我也感覺痛苦，所以爲避免自己痛苦，也不能使他人痛苦——己所不欲勿施於人。因此同情爲道德判斷的標準，亦爲道德的來源。根據這個標準，勇敢、樂觀、自信、慈愛等是可以給自己快樂的；謙遜、禮儀、恭敬、詼諧等是可以給他人快樂的；勤勞、節儉、健康、智慧等是有益於自己的；慈善與正義是有益於他人的。這些都是合乎道德理想的行爲。侯謨以苦樂爲同情的內容，如是同情爲道德的標準，亦卽快樂爲道德的標準。

邊沁於其所著道德與立法原理(Principles of Morals and Legislation)中，謂道德不是由先天生來的，乃是由感覺經驗產生的。人類感覺最顯著者厥爲快樂與痛苦(pleasure and pain)。此種快樂與痛苦好像自然給予人類兩個先生，告訴他們什麼可做，什麼不可做。所以快樂與痛苦應爲判斷善惡的最高準則。卽凡可以增加快樂的行爲是善的，凡可以減少快樂的行爲是惡的。至於快樂的測量應依七個原則：一爲強度（Intensity），卽愈強烈的快樂愈好；二爲繼續性(Duration)，卽時間繼續愈久的快樂愈好；三爲確實性（Certainty），卽愈確實的快樂愈好；四爲遠近性（Propinqutiy），卽愈近的快樂愈好；五爲繁殖性（Fecundity），卽愈能產生其他快樂的快樂愈好；六爲純潔性（Purity），卽愈不含有痛苦結果的快樂愈好；七爲廣性（Extent），卽範圍愈廣或享受人愈多的快樂愈好。判斷善惡的標準既然爲痛苦與快樂，所以行爲的善惡，要看他的結果（Effect）。至於動機（Motive）對於行爲雖亦有關係，但與結果相較，則不十分重要。因只有結果方能眞正增加或減少快樂

密爾於其所著功利主義(Utilitarianism)繼承邊沁的學說，認人生目的都是追求快樂的 個人快樂就是個人的善，多數個人快樂的總和就是公共的善。所以最大多數最大的快樂應爲道德判斷的最高標準；而一切行爲、性情與動機是否合乎道德，就看他的趨勢能否產生公共的快樂。但密爾認爲快樂不能單由量來測量，亦應注重質。因爲快樂不僅有量的不同，亦有質的差別 快樂既有質的差別，或高低之分，所以我們應當追求高尚或精神的快樂，不要求低等或肉體的快樂。因此我們「寧可做個不滿足的人，不願意做個滿足的猪；寧可做個不滿足的蘇格拉底，不願意做個滿足的愚人。」（見Mill: Utilitarianism P.9）。

希鳩維克在其所著倫理學方法（Methods of Ethics）中，認倫理學學說雖可分爲兩大派：即快樂主義與直覺主義（Intuitionism），但這兩派並不是相排斥的。例如直覺主義的倫理學認爲有幾個絕對自然的原則，可以判斷行爲的善惡：如（一）公正或平等的眞理（Axiom of Justice or Equality），（二）合乎理性自愛的公理（Axiom of rational self-love），與（三）合乎理性仁愛的公理（Axiom of rational Benevolence）等。這幾個直覺主義的原則，實際上就是求最大多數最大快樂的工具。個人的快樂和公共的快樂互相一致，所以求個人的快樂就是求公共的快樂。求公共的快樂也就是求個人的快樂。所以直覺主義和功利主義不但不衝突，而且互爲一體。因此有人稱他的學說爲直覺的功利主義（Intuitional Utilitarianism）。這些學說對不對？茲批評之於後。

第二目 快樂主義與功利主義的批評

快樂主義與功利主義的學說很顯著地有幾個共同中心：就玄學方面說，他們大部份——尤其是快樂主義者如愛闢若兒、拉墨屈里、郝爾維休等，均爲唯物主義與機械主義者。就倫理學方面說，他們有一部份爲決定主義者，如愛闢若兒、拉墨屈里等；全部爲快樂主義者，即認爲人生目的在於追求快樂，而快樂實爲判斷的善惡標準；一部份爲結果主義者，即認判斷行爲善惡應當注重結果，至於動機既不易知，且對於實際亦無甚關係。唯物主義與機械主義既屬於玄學範圍，此處用不着批評。決定主義前面業已批評，現在所須批評者僅爲快樂主義與結果主義。

人類生來具有一部份好樂惡苦的傾向，確係客觀事實：例如人類對於發生快樂的行為多喜加以重複，對於發生痛苦的行為多極力設法避免，教育所以具有教育作用，即由於此。但人類生來雖具有一部份好樂惡苦的傾向，快樂既不是人類活動最後的來源，更非唯一的來源：就前一點來講，快樂為感情之一種，而情感實為意志附帶的表現，即慾望滿足時則感覺快樂，慾望被阻時則感覺痛苦。生存慾望為人類主要慾望之一，凡有益於生存的則為樂，凡有害於生存的則為苦。因此人類並非為好樂而好樂，乃為好生而好樂；亦非為惡苦而惡苦，乃為惡死而惡苦。所以苦樂不過為生死的附帶表現，好像蒸汽不過為沸水的附帶表現一樣。苦樂既為生死的附帶表現，所以快樂非人類活動最後的來源。就後一點來講，人類雖生來具有一部份好樂惡苦的傾向，但並非只有此種傾向。事實上人類一切活動不但不是完全追求快樂，甚至有時可以說是追求痛苦：歷來偉大的創造，如政治改革、思想革命、科學發明、地理發現、藝術傑作等無一不為艱難困苦的工作。這些艱難困苦工作完成時，雖或能給予一剎那的快樂，但這並非從事此種活動的動機；更無確實保證，因為這些艱難困苦的工作，雖有成功亦有失敗。因人類有時追求痛苦，所以痛苦亦是一種享樂。因痛苦亦是一種享樂，所以悲劇（Tragic）表演雖極端悲哀亦有人觀賞。快樂既非人類活動最後並非唯一的來源，所以人生非以追求快樂為目的，而快樂亦實非判斷善惡的最高準則。

同時快樂不但不是判斷善惡的最高準則，亦不能為判斷善惡的最高準則。快樂所以然不能為判斷善惡的最高準則，即因為快樂不但是主觀的，而且是相對的：就快樂是主觀的來講，快樂標準每隨個人思想與性格的不同而不同：例如積極主義者認文化為增加快樂的東西，所以文化愈進步，人類亦愈快樂；自然主義者則相反，認文化為痛苦的源泉，所以文化愈進步，人類亦愈痛苦。樂觀主義者認人生是快樂的，所以生命愈長，快樂愈多；悲觀主義者認人生是痛苦的，所以長生不如速死，速死不如無生。又如多血質的人（Sanguistic）性好樂觀，即遭遇不佳，亦能泰然自若，繼續奮鬥，例如孔子之栖栖皇皇，終身不懈。反之，粘液質的人（Phlegmatic）性好悲觀，即處境優越亦不快樂，例如林黛玉與賈寶玉處境不為不佳，偏要善病工愁，不能自已。就快樂是相對的來講，快樂與痛苦不但為一個東西的兩方面，即有快樂必有痛苦，有痛苦必有快樂；而且痛苦為快樂的必需條件，即必須經過極大的痛苦才有極大的快樂。例如下棋必勝敵手而後快，打獵必須深林而後樂……。因苦樂是一個東西的兩方面，所以每個人苦樂最常是相等的，即決不能有單純的快樂，亦不能有單純的痛苦。同時，因痛苦乃快樂的必須條件，所以不知痛苦的人亦不能知道快樂。禽獸無人類的痛苦，亦無人類的快樂；兒童未領略成人的痛苦，亦不瞭解成人的快樂，可為證明。快樂既是主觀和相對的，所以快樂亦不能為或應為判斷善惡的最高準則　快樂既不是判斷善惡的最高準則，亦不能為判斷善惡的最高準則，所以快樂主義歸於錯誤。

上節批評動機主義時曾經講過，動機與結果為一個不可分離的整體：即動機為潛在的行為，結果為實現了的行為。因動機為潛在的行為，所以不但欲有善的行為，必有善的動機；而且必有善的動機才能認為善的行為。「其心可誅，其行可嘉」的行為，決計不能謂之善行。例如賊入人室，發現灶頭着火，加以撲滅，結果未嘗不好；但被捕以後，仍須受罰。反之，「其心可嘉，其行可誅」的行為，決計不能謂之惡行。例如殺人者死，庸醫殺人可以不必抵罪。動機不良，結果甚佳的行為必須受罰；動機可嘉，結果惡劣的行為可以免罪，足見動機不但為判斷行為的對象之一部份，而且為其主要部份。結果主義者謂判斷行為只看結果，不但不合事實，而且將率人為偽君子。偽君子無論如何做作，決計不能成為真君子。因此結果主義不但偏頗而且錯誤。茲進而研究意志主義。

本節參考書：

1. 張東蓀：道德哲學，第三章；
2. 拉・梅特利著，任白戈譯：人——機器；
3. W. R. Sorley: Ethics of Naturalism, P. I. ch. III;
4. G. E. Moore: Principia Ethica, ch. III;
5. J. Watson: Hedonistic Theories from Aristippus to Spencer;

6. H. Rashdall: Theory of Good and Evil, Book I. ch. II Ⅲ.;
7. Martineau: Types of Ethical Theory, P. II, Book II, Branch I.;
8. Fr. Paulsen: System der Ethik II. B, II K.;
9. La-Mettrie: Histoire Naturelle de l' ame Humaine;
10 La-Mettrie: l' Homme—Machine;
11 D. Hume: An Inquiry concerning the Principles of Moral, Scts. II—Ⅳ;
12 J. Bentham: Principles of Morals and Legislation;
13 J. St. Mill: Utilitarianism ch. II. V;
14 Sidgwick: Methods of Ethics, Book V.

第三節　意志主義的內容與批評

第一目　意志主義的內容

意志主義者認意志或本能係人類活動的來源，亦為道德產生的基礎。有些哲學家又以生存意志或本能為整個意志之中心。如是所謂意志為人類活動的來源，實即生存本能為活動的來源；所謂意志為道德的基礎，實即生存本能為道德的基礎。主張此種學說者為英國的達爾文(Ch. Darwin)與斯賓塞爾(Spencer)。有些哲學家又以支配本能或權力意志為整個意志之中心。如是所謂意志為人類活動的來源，實即權力意志為人類活動的來源；所謂意志為道德的基礎，實即權力意志為道德的基礎。主張此種學說者為德國的尼采(Fr. Nietzsche)。茲將其學說分別介紹。

達爾文以實現生存為一切生物之最高目的，人類亦係如此。因此生存要求為一切活動的出發點，或最高動機。欲實現生存，不能不一方面改變自身，以適應環境；另一方而不能不發展社會性，或合羣本能，以期團結。倘不能改變自身以適應環境，必為自然所淘汰；倘不能發展社會性或合羣本能，必致自相消滅。此種社會性或合群本能第一步發展爲個人良心，第二步發展爲社會輿論，第三步發展爲道德。因此社會性或合群本能爲道德產生的基礎，社會性或合群本能既爲實現生存主要工具之一，所以社會性或合群本能愈發展，生存要求愈易實現，此卽所謂的進化(Evolution)。

斯賓塞爾繼承達爾文的進化學說，謂宇宙間一切都是由進化而來。所謂由進化而來，就是由同到不同，由簡單到複雜。自然給予萬物的目的爲生存——個體的生存與種類的生存。所以凡有益於生存的行爲均謂之善；凡有害於生存的行爲均謂之惡。同時凡有益於生存的行爲均有一種快樂的結果，凡有害於生存的行爲均有一種痛苦的結果。所以快樂與痛苦爲生存發展或被阻的一種表現。但因個體與種族生存互爲一體，所以個體的生存就是種類的生存，個體的快樂也就是種類的快樂。因此爲我主義與爲他主義同爲實現生存所不可缺少的東西。純粹的爲我主義與純粹的爲他主義均屬錯誤。不過個體生存與種類生存雖互爲一體，爲我主義與爲他主義雖絕不可分，但由生物學觀點觀之，爲我主義先於爲他主義：倘使沒有個體的生存，則所有一切生存均已消滅，所謂爲他主義便失其意義。同時，由倫理學觀點觀之，爲我主義亦先於爲他主義：因快樂只有個體才能感覺。但爲我主義雖先於爲他主義，二者必須加以調和，始能實現生存之最高目的。不過爲我主義與爲他主義是不能拿人力來調和的，只有聽之自然進化。自然進化可以使爲我與爲他的需要完全互相適應，不致發生衝突。

尼采認宇宙萬象及人類活動中心確爲意志或慾望。不過這種爲宇宙萬象及人類活動中心的意志或慾望，不是達爾文和叔本華等所謂的生存意志或慾望，乃是權力意志或支配慾望。所謂權力意志或支配慾望就是宇宙萬物皆具有好勝心理，卽喜歡支配或征服他人，不願意被他人支配或征服。如是強者支配弱者，人征服自然。所以宇宙是一個大的戰場，萬物與人皆爲戰士。在這種戰鬥當中，雖然難免產生痛苦，但痛苦是無關係的；因人生不是求快樂的，乃是求權力的，只要權力能夠擴張，痛苦亦無妨礙。同時在這種戰鬥當中，雖然難免產生罪惡，如強者消滅弱者，或壓迫弱者，但此種罪惡亦無關係；因宇宙就是強者的世界，弱者應該被強者消滅，被強者壓迫的。所以理想的人是一種超人(Übermensch)。所謂超人就是強者或優秀份子。因此強健、勇敢、奮鬥等就是道德，孱弱、儒怯、屈服等就是罪惡。但現代社會拿宗教和政治權威，專事保護弱者、儒者，摧殘優秀者、強者；所以現代社會是個罪惡的社會。現代社會所謂的道德，實際上是不道德，至多不過是奴隸的道德（Sklaven-Moral），決不是主人的道德（Herren-Moral）。因此宗教與法律應該反對，整個社會應該改造。此種意志主義對不對？茲另目加以批評。

第二目　意志主義的批評

上目所述三個人的倫理學說或根據科學、或根據哲學、或根據科學與哲學，方法雖不相同，結論則相彷彿：第一、他們均為意志主義者。所謂意志主義者即認意志或本能為人類一切活動的來源，至於感情與理性或不過為意志活動的附帶表現，或不過為意志實現的工具。第二、他們均傾向於為我主義：如斯賓塞爾所謂為我先於為他，固無論已。達爾文亦謂社會性不過為生存本能發展的結果。尼采甚至主張強者應該壓迫或消滅弱者，以實現其個人的權力慾。第三、他們均為進化主義者，即認宇宙間一切均由進化而來，同時進化亦為社會、人生之理想。茲就此三點加以批評。

根據現代心理學家的研究，意志或本能確為人類活動的主要來源。換句話講，意志或本能為人類動機之主要決定者，至於理智與感情則不過屬於輔助性質；即前面所謂的參謀長與帶兵官，或蒸汽與煤火。就這一點講，意志主義可謂完全正確。但意志或本能的內容異常複雜，最主要者亦有四種：即生存本能、異性本能、支配或自由本能與社會或羣的本能。異性本能雖或可歸屬於生存本能，即認子女為父母性細胞的發展，子女的生存即變相的父母本身的生存。社會本能雖可歸屬於自由本能，即自由本能必由社會以發展，或社會為實現自由本能的工具。但生存本能與自由本能則無從歸屬：人類雖然有時候為生存犧牲自由（如投降的士兵），但亦有時候為自由犧牲生存（如無名英雄）。生存與自由雖不能互相歸屬，亦不能互相分離。舉其著者，如自由必須以生存為基礎，倘無生存自談不上自由；生存必須以自由為目的，其無自由的生存還不如不生存。因此人類既要生存，又要自由。而生存與自由無形中為人類一切活動的推動者，亦為歷史發展的兩大旗幟。但達爾文與斯賓塞爾儀主張生存本能，尼采儀主張自由本能，則難免於錯誤。

關於唯我或自私主義的錯誤前面業已批評，玆略加補充。即生存與自由雖為人類活動的推動者與歷史發展的兩大旗幟，但主要地實為團體的生存與自由，並非個體的生存與自由：如就生存來講，個體之生為億萬祖先血統發展之自然結果，並非自己自生，更不是自己願生。同時自己又為億萬子孫之生因，本身生存必賴億萬子孫以持續。因此我之生存僅為整體或民族之一部份地表現，表面上求我之生存，實際上即求整體或民族的生存。而離開整體或民族，自不能有個人生存——無祖先烏出？即或有之，亦不過一剎那間的生存，毫無意義或目的。因此實際上，人類均是為整體或民族的生存而生存。在整體生存與個體生存發生衝突時，多犧牲個體生存，以爭取整體的生存——如父母不惜為子女而犧牲本身，國民不惜為國家犧牲生命。自由更是如此：孤立個人談不到自由，亦求不到自由。就前一點來講，所謂自由多指對人的自由，孤立的個人無被人壓迫可能，自不需要自由。就後一點來講，對人的自由必須整體或社會以維護，如對內以法律範圍個人之行為，對外以武力保障本身之獨立。而個人求整體自由的事實，較之求整體生存的事實尤為明顯：舉其著者，如思想家與藝術家窮年累月坐在書齋或工作室裏，探討宇宙秘密，或另創精神世界，以實現整體的精神自由；科學家和發明家窮年累月站在實驗室內，發現或利用各種自然法則以征服自然，藉以增加整體對自然的自由；無名英雄死在沙場上，摧毀敵人的侵略，以實現整體對異族的自由。這些人大部份均犧牲自我的自由，為整體增加自由。有時連所增加的自由本身絲毫不能享受。如納爾生(Nelson)在屈拉夫加(Tralfgar)勝利時，自己即已死去，……之類。個人既均為實現整體的生存與自由而活動，則整體自先於個體，斯賓塞爾等正式或非正式地謂個體先於整體，殊不合乎事實。

進化主義可分為生物、社會、人生三方面。應用於生物方面的進化主義，普通稱為進化論，即認為所有生物均由進化而來。應用於社會方面的進化主義，普通稱為進化觀，即謂社會或文化隨時間演進而進步。應用於人生方面的進化主義，普通稱為進化理想，即謂求進化為人生或歷史發展之目的。進化論屬於科學範圍，可以時而不論。茲所批評者僅為進化觀與進化理想　就進化觀來講，物質文化如器械、交通、經濟等之發展，確有相當繼續進步的現象：如器械之由石器而銅器，由銅器而鐵器；交通之由人力而風力、水力；由風力、水力而汽力、電力；由汽力電力而油力；經濟之由田獵而游牧，由游牧而耕種或農業，由農業而工業……。其他各種文化如政治、道德、藝術、學術等則多為波浪式之發展，卽有進化亦有退化：道德水準的忽高忽低，前面業已論及；政治忽治忽亂，歷史事實異常明顯；中國現代的藝術趕不上唐朝，中國現代的哲學趕不上宋明；歐洲現代藝術不及希臘，……。因此進化觀不符事實。至於人類目的在求生存與自由，一切其他均為實現生存與自由之工具，不能自為目的。因此進化亦不過為一種工具。意志主義者——尤其是尼采，無形中認進化自為目的，實係極大錯誤。茲進而研究性善惡混主義。

本節參考書：

1. 張東蓀：道德哲學，第五章，第四、五節；
2. W. R. Scrley: Ethics of Naturalism, P. Ⅱ;
3. G. E. Moore: Principia Ethica, ch. Ⅱ;
4. Ch. Darwin: The Origin of Species;
5. Ch. Darwin: The Descent of Man;
6. H. Spencer: Principles of Ethics;
7. H. Spencer: Data of Ethics;
8. Fr. Nietzsche: Wille Zur Macht;
9. A. Fouillee: Critique des Systemes de Morale contempordins, L. I;
10. J. M. Baldwin: Le Darwinisme dans les Sciences Morales, ch. Ⅲ。

第四節　性善惡混主義的內容與批評

第一目　性善惡混主義的內容

以上三派倫理學說，雖或謂道德的來源爲理性，或謂道德的來源爲感情，或謂道德的來源爲意志；無形中均認人類天性有善的部份，亦有惡的部份。如理智主義者則認理智爲善的，欲性爲惡的，固無論已。他如快樂主義者既認感情爲知善的，則非感情自爲惡的；意志主義者既認生存或自由本能爲善的，則其他本能自爲惡的。因此這些人的學說均可名爲性善惡混主義。不過這些人的學說雖帶有善惡二元主義色彩，並未明白主張性善惡混主義。明白主張性善惡混的人多爲中國的倫理學家。第一個主張性善惡混的人雖爲孔子，他曾說過：「性相近，習相遠。惟上智與下愚不移。」但對此種學說未曾加以發揮。第二個主張性善惡混的人爲告子，但告子著作久已喪失，僅於孟子中略窺一二。因此性善惡混主義最主要的代表當推漢朝的揚雄、王充，唐朝的韓愈、李翺，宋朝的程頤、朱熹等。

揚雄以「玄」爲宇宙的本體，宇宙萬物均爲玄之表現，故人亦具有玄的本質。玄之中有陰陽二動力，互相攝而靜定。性之中因亦有善惡，具同等之強度。究竟爲善爲惡，則視所修以爲定。所以他說：「人之性也善惡混，修其善則爲善人，修其惡則爲惡人。」怎樣才能修善？他主張取四重，去四輕。所謂取四重，即：「重言、重行、重貌、重好。言重則有法，行重則有德，貌重則有威，好重則有歡。」所謂四輕，即：「言輕、行輕、貌輕、好輕。言輕則招憂，行輕則招辜，貌輕則招辱，好輕則招淫。」這是揚雄的倫理學說。

王充認渾然氣爲宇宙的本體。渾然氣由運動分爲陰陽。陰陽相交，遂生萬物。因此萬物之生各稟有一定之氣，而所以能持其氣，不能不有相當之形。形成於生初，而一生之運命及性質皆由是確定。至於萬物性質命運所以不同，則因稟氣有厚薄之分；故或爲禽獸，或獨爲人，或貴或賤，或善或惡。性之有善惡既由於稟氣厚薄或多少，所以稟氣尤多尤厚者則恬淡無爲，獨肖元氣，成爲至德之人；由是則漸薄漸下，成爲可善可惡的中人；再少則成爲惡人。因此孟子主張性善，係指中人以上之性；如孔子之生而好禮。荀子主張性惡係指中人以下之性，如少而無推讓之心。揚雄謂性善惡混則指中人之性。稟氣薄而少的人，雖然性惡，亦可教之爲善，所以他在率性篇內說：「人性有善有惡，其善者固自善也，其惡者故可教告率勉，而使之為善。為人君父者審觀臣子之性，善者則養育勸率，毋使近於惡。近惡則輔保禁防，使漸於善。善亦漸惡，惡亦化善，成而為性行。」這是王充的倫理學說。

韓愈在原性篇中，以孔子之「性相近習相遠，唯上智與下愚不移。」的學說為基礎，提倡性三品說：即「上者善而已，中者可導而上下者也，下者惡而已。孟子之言性也，曰、人之性善。荀子之言性也，曰、人之性惡。揚子之言性也，曰、人之性善惡混。夫始也善而進於惡，始也惡而進於善，始也善惡混而今也為善惡；皆舉其中而遺其上下，得其一而失其二者也。」在性以外，他認為還有情。性是先天的，即「與生俱生者也」。情是後天的，即「接物而生者也」。情亦有三品，隨性而為上中下。情是性的附帶表現，所以韓愈的學說，表面上雖為性情二元主義，實為性情一元主義。這是韓愈的倫理學說。

李翱在復性書中將韓愈的性情一元主義，改為性情二元主義；并認性為善、情為惡的東西。所以他說：「人之所以為聖人者性也，人之所以惑其性者情也。喜、怒、哀、樂、愛、惡、欲七者，皆情之所為也。情既昏矣，性斯匿焉，非性之過也。七者交來，故性不能充也。」聖人能保其性而不為情所惑，所以成為聖人。至一般人則難免為七情所惑，以失其本性，所以一般人常成為惡人。但他論情的起源時，又謂情乃性之附屬品。所以他說：「無性則情不生，情者由性而生者也。情不自情，因性以為情；性不自性，因情以為性。」又把性情二元主義歸到性情一元主義。這是李翱的倫理學說。

程頤認宇宙本體有兩個，即理與氣。氣成萬物之形，理則賦於形之中。氣為形而下，理為形而上。氣為個別的原理，理為普遍的原理。萬物由陰陽交感而生，陰陽即氣，生萬物有一定之道，道即理。理與氣互相為用，不可分離。理之表現於人者謂之性，氣之表現於人者謂之才。性出於理故無有不善，氣則有清濁之分，故才有善惡。他以為孟子言性善，僅以性為對象，揚雄謂性善惡混，韓愈謂性三品，則僅以才為對象。因人之性雖善，而才有善惡，要去惡為善，必須修養。修養之道在「誠敬、致知」。所謂「誠敬」即使內心專一，不涉於邪想，使惡才無所成動。所謂「致知」卽窮理或求知識。「致知」較「誠敬」尤爲重要，他和蘇格拉底一樣認爲有些人作惡，純爲無知的結果。所以他說：「知至則當至於此，知終則當終於此，須以知爲本。深知之，則必至行之；無知之而不能行者。知而不能行，知得淺也。飢不食鳥喙，人不蹈水火，知之也。人爲不善，卽爲不知也。」這是程頤的倫理學說。

朱熹繼承程頤的學說，亦以理氣爲宇宙的本體。所以他說：「天地之間有理有氣。理者形而上之道也，生物之本也。氣者形而下之器也，生物之工具也。是以人物之生也，必稟此理而後有性，必稟此氣而後有形」。理氣二者互相依賴，絕對不可分離。所以他說：「或問必有是理，然後有是氣如何？曰，此本無先後之可言。至必欲推其所從來，則須說先有是理。然理又非別爲一物，卽存乎是氣之中。無是氣則是理亦無掛搭處。」宇宙本體有二，人性亦有二：卽一爲本然之性，一爲氣質之性。前者至善純粹，可比於宇宙本體；後者含有正偏清濁，所以有善有惡。前者如日月，後者如雲霧。日月可爲雲霧所蔽，但雲霧撥開，則日月重現。前者如水，後者如容器。水雖清，盛於不潔之器則汚，欲保水之清潔不能不盛於清潔之容器。但人類本然之性雖盡善，而氣質之性則有不善，所以必加修養以變化之。修養之道，卽爲「居敬，窮理。」所謂「居敬」，卽伊川之「誠敬」，卽「主一無適，專一其心。」所謂窮理卽致知。致知在格物。所謂格物，卽研究事物本身之性質以求其理。這是朱熹的倫理學說。性善惡混主義的學說究竟如何？亦不能不加以批評。

第二目　性善惡混主義的批評

由上述各位倫理學家的學說中，可以找出幾個共同之點：就玄學方面說，他們多爲二元主義者：如程頤與朱熹明白主張理氣爲構成宇宙萬象的本體，固無待論。揚雄與王充雖表面上主張一元主義，卽或以玄、或以渾然氣爲宇宙本體，但直接產生萬物者爲陰陽之交成；實際上仍爲二元主義。就倫理學方面說，第一，他們均爲性善惡混主義者：卽認人類天性中有善的部份亦有惡的部份。善的部份卽王充所謂稟氣厚的性，韓愈所謂的上人之性，李翺、程頤所謂的性，朱熹所謂的本然之性。惡的部份卽王充所謂稟氣薄的性，韓愈所謂下人之性，李翺所謂的情，程頤所謂的才，朱熹所謂的氣質之性 第二，他們均爲修養主義者，即他們認爲要行爲能合乎道德，必須加以適當修養，即使善的部份盡量發展，使惡的部份盡量消失。二元主義以屬於玄學範圍，此處無須批評；此處所須批評者僅爲性善惡混主義與適當人爲主義。

根據現代心理學家研究，人類天性或心靈活動雖可分爲三方面，即理智、感情與意志。三方面活動中實以意志或本能爲中心 意志或本能最主要的約可分爲四種：即生存本能、異性本能、自由本能與社會本能。這四種本能，如前所論，均爲無善無惡或可善可惡的。例如生存本能倘使用之於經濟生產，直接以實現本身生存，間接以實現整體生存則爲善的；倘使用之於掠奪，直接以擾亂社會秩序，間接以妨礙民族生存則爲惡的。異性本能倘使用於生育子女，直接以繼續本身生存，間接以繼續社會生存則爲善的；倘使用之於姦淫放蕩，直接以縮短本身壽命，間接以減低社會生存，則爲惡的。自由本能倘使用之於征服自然或抵抗異族則爲善的；倘使用之爲本身爭權奪利則爲惡的。社會本能倘使用之於分工合作，親愛互助則爲善的；倘使用之於夤緣勾結，植黨營私則爲惡的。因此意志或本能本身無所謂善惡 究竟爲善爲惡，須視如何用之以爲斷。感情爲本能的附帶表現，意志既爲無善無惡或爲可善可惡的東西，感情自亦如此：例如恐懼（Fear）爲生存本能的附帶表現，倘使用於防備敵人則爲善的，倘使用於貪生怕死則爲惡的。慈愛（Love）爲異性本能的附帶表現，倘使用於撫育子女則爲善的，倘使用於姑息子女則爲惡的。忿怒（Anger）爲自由本能的附帶表現，倘使用於對待敵人則爲善的，倘使用於對待同胞則爲惡的。同情爲社會本能的附帶表現，倘使用於對待好人則爲善的，倘使用於對待壞人則爲惡的。理智亦係如此：理智用以征服自然或異族以實現所屬整體的生存與自由則爲善的，倘使用於文過飾非或爲滿足私慾的工具則爲惡的。人類天性是無善無惡或可善可惡的，而性善惡混主義者，強謂人類天性有善有惡自屬錯誤。

人類天性既爲無善無惡或可善可惡，究竟如何須視如何用之以爲斷。因此欲行爲合乎道德，必須審慎利用吾人天性。此種審慎利用天性，即前面所謂的審慎選擇，亦即性善惡混主義者所謂的修養。因此修養主義，可謂正確。

以上四派倫理學家均謂人類天性是有善有惡的。道德所以產生卽由於盡量發展善的，淘汰惡的。換句話講，道德大部份係一種人爲的東西。但有些倫理學家或認爲人類天性完全是善的，或認爲人類生來就是爲他的。道德所以產生，卽由於此種善的天性或爲他天性的自由發展。因此道德雖或不能完全避免人爲，但大部份是自然的。此卽下章所研究的自然人爲主義。

本節參考書：

1. 蔡元培：中國倫理學史，第一期第三、第二期第五、第三期第九等章；
2. 宗野哲人著，陳彬龢譯：孔子；
3. 汪震：孔子哲學；
4. 謝无量：王充哲學；
5. 呂思勉：理學綱要；
6. 夏君虞：宋學概要；
7. 周予同：朱熹；
8. 王充：論衡；
9. 朱熹：四書集注（萬有文庫）；
10 朱熹：二程語錄；
11 朱熹：近思錄。

第七章　自然人爲主義的道德理論

第一節　性善主義的內容與批評

第一目　性善主義的內容

自然人爲主義的學者，或認人類天性完全是善的，由此種善的天性可以產生道德；或認人類天性就是爲他的，道德產生卽爲此種爲他天性的發展。因此道德是人類生來就有的，人類所爲者不過將此種道德天性加以自然發展而已。換句話講，卽道德大部份是自然的，小部份是人爲的。但以各家立論不同，此種學說復可分爲兩派：卽性善主義與兼愛或爲他主義。茲先討論性善主義。

性善主義的學說不但在中國產生極早，而且在中國倫理學界頗佔勢力，其主要的代表爲孟軻、董仲舒、周敦頤、張載、程頤、陸九淵、王守仁等。性善主義的學說首倡於孟軻，孟軻立論與荀卿相同，完全根據事實。根據事實，人類生來具有四種善端。由這四種善端產生四種基本道德。由這四種基本道德產生各種特殊道德。所以他說：「人皆有不忍人之心。……今人乍見孺子將入於井，皆有怵惕惻隱之心；非所以納交於孺子之父母也；非所以要譽於鄉黨朋友也；非惡其聲而然也。由此觀之，無惻隱之心非人也；無羞惡之心非人也；無辭讓之心非人也；無是非之心非人也。惻隱之心仁之端也；羞惡之心，義之端也；辭讓之心，禮之端也；是非之心，智之端也。人之有是四端也，猶其有是四體也」。所以各種德行開端或基礎都是先天的，不是後天的。各種德行的開端或基礎既然是先天的，所以人類天性都是善的。人類天性既然是善的，何以有不善或惡的事情發生？他認爲這是環境的影響，卽未能使善良的天性順利發展。所以他說：「人性之善也猶水之就下也。人無有不善，水無有不下。今夫水搏而躍之，可使過顙；激而行之可使在山。是豈水之性哉？其勢則然也。人之可使爲不善，其性亦猶是也。」又說：「富歲子弟多賴，兇歲子弟多暴。非天之降才爾殊也。其所以陷溺其心者然也。今夫麰麥，播種而耰之，其地同，樹之時又同，浡然而生，至於日至之時皆熟矣。雖有不同，則地有肥磽，雨露之發，人事之不齊也。」人類天性既然都是善的，所以合乎天性的東西都是善的，違反天性的東西都是惡的。這是孟軻的性善學說。

至孟軻以後的學者多喜由玄學或理論以證明人類性善。首創此風者當溯漢朝的董仲舒。董仲舒認天爲宇宙的本體和主宰，人由天而來，天爲人之父。所以人生一切不能不以天爲法則。天是合乎道德的，所以人類亦是合乎道德的。何以見得天是合乎道德的呢？他說：「天覆育萬物，化生而養成之。察天之意，無窮之仁也。天常以愛利爲心，以養爲事。」他不但認天是合乎道德的，而且認地與人也是合乎道德的。所以他又說：「天生之以孝悌，無孝悌則失其所以生；地養之以衣食，無衣食則失其所以養；人成之以禮樂，無禮樂則失其所以成。」因此整個宇宙均爲道德之表現，形成一種汎道德主義。但董仲舒雖認爲人類生來是合乎道德的，但本身還不是道德或善，須加以人工而後可。如「禾雖出米，而禾未可以爲米；繭雖有絲，而繭非絲；卵雖出雛，而卵非雛」一樣，必待人工而後可成。已經有點接近性善惡混主義。後來又說：「人性有貪有仁，如天地之有陰陽也」。明白承認性善惡混。這是董仲舒的學說。

周敦頤思想中心爲太極圖說。其言曰：「無極而太極。太極動而生陽，動極而靜，靜而生陰，靜極復動。一動一靜，互爲其根；分陰分陽，兩儀立焉。陽變陰合，而生水、火、木、金、土。五氣順布，四時行焉。五行一陰陽也，陰陽一太極也，太極本無極也。五行之生也，各一其性。無極之眞，二五之精，妙合而凝；乾道成男，坤道成女。二氣交感，化生萬物。萬物生生，而變化無窮焉。惟人也得其秀而最靈。形既生矣，神發知矣，五性感動而善惡分，萬事出矣。」由這一段話中，可以看出他認爲人類天性是善的。人類天性所以是善的，乃因人得五行之秀氣，所以具有五常，即仁、義、禮、智、信。五性接觸外物而感動時始生善惡。故善惡爲動後之分別，至靜寂不動之本性則常善。人性既然是善的，并具有五常；所以吾人應愼動而保靜。能做到這種功夫則爲聖人。這是周敦頤的倫理學說。

張載認宇宙的本體爲太虛，太虛爲氣。他在正蒙乾稱篇內說：「太虛氣之體，氣有陰陽，屈伸相感之無窮，故神之用也無窮；其散無數，故神之應也無數；雖無窮其實湛然，雖無數其實一而已 陰陽之氣，散則萬殊，人莫知其一也，合則混然，人莫見其殊也。形聚爲物，形潰反原。」因此宇宙間萬物生滅不過太虛一氣之聚散而已。宇宙間一切萬物皆由太虛一氣變化而來，則人與萬物的本質自然相同，所以他說：「民吾同胞，物吾與也」。太虛之本性爲虛明，由太虛凝集而成之人，其性亦必爲虛明，即人性爲善。但何以亦有人不善？他以爲太虛凝聚時或清或濁，乃生氣質性之不同。本然之性雖盡善，而氣質之性則有善惡之分。氣質之清濁雖爲天賦，但可由修爲以變化之。所以修爲或教育之最大目的即在於化氣質之性使歸於本然之性。其方法則在內正心，外重禮。他以爲倘能正心而達於虛心平氣之境，則氣自能合於天地之性。若重禮而守之，即能體驗人天合一，物我一體之理想。所以他說：「守禮所以持性，持性所以返本」。這是張載的倫理學說。

程頤以氣（乾元）爲宇宙萬物的本體。氣有陰陽，陰陽交感，化生萬物。陰陽交感偏正不同，遂產生萬物之差別，其著者如人與禽獸、草木等。人由氣而來，所以人性即氣。氣無善惡，所以人性亦無善惡。但世界所以有惡者，係就後天的理而言，理有是非曲直，以之衡量行爲遂有過與不及。過與不及皆謂之惡。因此惡是後天的。他在識仁篇內說：「學者須識仁。仁者渾然與物同體，義、禮、智、信皆仁也。識得此理，以誠敬存之而已。不須防檢，不須窮索。若心懈則有防。心苟不懈，何防之有？理有未得，故須窮索。存之自明，安待窮索？」根據這段話，他不但把「仁」視作一切德行之中心，而且說「仁」爲宇宙之氣，人類之性。因此他主張爲學之道，即在於保存和發展這個仁性，不須外求，即不須窮理。這是程頤的倫理學說。

陸九淵以宇宙萬物之本體爲理，但理即心。所謂理爲宇宙萬物之本體，亦即心爲宇宙萬物之本體。創立一種唯心主義。他說：「蓋心一心也，理一理也，至當歸一，精義無二。此心此理實不容有二。故夫子曰，吾道一以貫之，孟子曰，夫道一而已矣。又曰道，仁與不仁而已矣；如是則爲仁，反是則爲不仁。仁即此心也，此理也。求則得之，得此理也。先知者，知此理也；先覺者，覺此理也。愛其親者此理也，敬其兄者此理也，見孺子將入於井而有怵惕惻隱之心者，此理也」。心即理，性即心，人類本心無不善，人類天性自亦無惡。所以他說：「人受天地之氣而生，其本心無有不善」。至於有惡，係由於後天環境。所以他說：「人性善，其不善者遷於物也」。心卽理，性卽心，而心又本善，所以他認爲修養的主要方法卽爲「明我心」。所謂「明我心」卽除去蔽心之妨礙物。所謂蔽心的妨礙物卽主觀的氣質與客觀的風俗習慣等。這是陸九淵的倫理學說。

王守仁的本體論，全本陸九淵心卽理一語，而更加以闡揚。他說：「理一而已。以其理之凝聚言之，謂之性。以其凝聚之主宰言之，謂之心。以其主宰之發動言之，謂之意。以其發動之明覺言之，謂之知。以其明覺之感應言之，謂之物。故就物而言之，謂之格。就知而言之，謂之致。就意而言之，謂之誠。就心而言之，謂正。正者正此心也，誠者誠此心也，致者致此心也，格者格此心也。皆謂窮理以盡性也。天下無性外之理，無性外之物。學之不明，皆由世之儒者認心爲外，認物爲外，而不知義內之說也」。同時他又謂知爲心之本體，而倡「致良知」之說。他說：「知是心之本體。心自然會知：見父自然知孝，見兄自然知弟，見孺子入井自然知惻隱，此便是良知，不假外求。若良知之發，更無私意障礙，卽所謂充其惻隱之心，而仁不可勝用矣。然在常人不能無私意障礙，所以須用致知格物之功，勝私復理」。好像他由唯心主義走到唯知主義。實則不然。他一方面注重知，另一方面又注重意，以形成其有名的「知行合一」論。知行合一的學說，不但認知和行乃不可分離的東西，且認知行就是一個東西。所以他說：「知是行的主意，行是知的工夫。知是行之始，行是知之成」。又說：「知之眞切篤實之處，卽是行。行之明覺精察之處，卽是知」。這是王守仁的倫理學說。以上這些人的學說，雖各持之有故，言之成理，亦不無可議之處，茲檢討之於後。

第二目　性善主義的批評

性善主義的學說雖異常紛歧，但亦有幾個共同之點？第一，他們大部份爲唯心主義者，例如，陸九淵與王守仁明白主張心卽理，所謂理爲宇宙本體卽心爲宇宙本體，固無論已。他如張載、程頤認氣爲宇宙本體，而氣爲虛明的東西，亦富於唯心主義色彩。第二，他們均爲性善主義者，卽認人類天性生來都是善的。因人類天性生來都是善的，所以道德來源是先天的或內在的，不是後天的或外來的。第三，他們均爲善的決定主義者。所謂善的決定主義者，即認爲一般人在好的環境之下，必然產生善的行爲；在壞的環境之下，才致產生惡的行爲，因此惡的行爲是環境造成的。換句話講，惡是後天的或外來的。唯心主義屬於玄學範圍，可置而不論。所須討論者只爲性善主義與善的決定主義。關於性善主義與善的決定主義可分事實與邏輯兩方面來批評。

就事實來講，前面已經確定人類大性是無善無惡或可善可惡的；究竟爲善抑爲惡，要視其如何利用以爲斷：例如生存本能可用於生產，亦可用於搶竊；異性本能可用於繼續社會生存，亦可用於放蕩淫亂；自由本能可用於征服自然或抵抗侵略，亦可用於爭權奪勢之類。性善主義者認人類大性都是善的，即等於說，生存本能必然用於生產，不會用於搶奪；異性本能必然用於撫育子女，不會用於放蕩淫亂；自由本能必然用於征服自然或抵抗異族，不會用於爭權奪勢。但社會上確實有靠搶竊以爲生的盜賊，確實有天性好淫蕩的男女，確實有爭權奪勢的政客……。因此性善主義與事實不符；依照善的決定主義，一般人在好的環境之下，必然產生好的行爲，在壞的環境之下，必然產生壞的行爲；則一般人在相同的環境之下，必然產生相同的行爲：即在好的環境之下，必均爲好人；在壞的環境之下，必均爲惡人。但歷史事實告訴我們，亂世亦有君子，治世亦有小人。如在天下洶洶的春秋時代而有孔子與其門徒；在成、康、文、景的盛世仍然有犯死刑的人。此種特立獨行的人雖然數不多，但確實有。不但確實有，而且在他們取得領導地位時，可以轉移一個社會風氣，使其變好抑變壞。爲是即所謂：「上好貨，民無不好利；上好勢，民無不好暴」。少數人可以左右多數人的行爲，足見多數人都是可善可惡，或具有選擇自由。在相同的環境下可以產生不同的行爲，多數人的行爲每隨少數人以轉移，足見善的決定主義亦不符合客觀事實。

就邏輯來講，性善主義者一方面既要承認性善的理論，另一方面又要承認善惡並存的事實，和性惡主義者一樣，多不能自圓其說或自相矛盾：例如董仲舒謂天是合乎道德的，性只能爲善。又說：「人性有貪有仁」。張載謂人秉太虛之氣以生，太虛常靜虛明，人性本善。又謂氣凝聚時有清有濁，人性因有善有惡。王守仁謂人類生有良知，即必然知善。但又謂良知可被私意障礙，明明自相矛盾，固無待論。他如孟軻謂惡由於「陷溺其心」，周敦頤謂惡由於接物而生，程頤謂惡由於理有是非，陸九淵謂惡遷於物；亦於不知不覺之間陷於矛盾。

依照常理講，天性既然是善的，必能戰勝環境以產生善行，如上所謂的亂世君子　倘使善性不能戰勝惡的環境，或隨環境以變遷；即於無形中承認環境有改變天性的能力。足見人類天性不一定是善的，乃是可善可惡的。性善主義的學說既不合乎客觀事實，又不合乎邏輯原則，自爲一種錯誤的學說。茲進而討論兼愛與爲他主義。

本節參考書：

1. 鄭曉滄：孟子學案；
2. 呂思勉：理學綱要；
3. 張綿周：陸王哲學；
4. 胡哲敷：陸王哲學辨微；
5. 錢　穆：王守仁；
6. 賈豐臻：陽明學；
7. 朱熹集註：孟子；
8. 董榕輯：周子全書（萬有文庫），特別太極圖說；
9. 朱熹註：張子全書（萬有文庫），特別正蒙；
10 陸九淵：象山先生全集（萬有文庫）；
11 王守仁：王文成公全集（萬有文庫）；
12 遠藤隆吉：東洋倫理學，第二章。

第二節　兼愛與爲他主義的內容與批評

第一目　兼愛與爲他主義的內容

兼愛主義最主要的代表爲中國的墨翟，爲他主義最主要的代表爲法國的孔德（A. Comte）、居友(Guyau)、俄國的克魯泡特金(Kropotkin)等。

墨翟認天是宇宙萬物的創造者，也是禍福賞罰的執行者，所以天爲最高的神。在天之下雖還有各種鬼神，如天神、地祇、人鬼等，均助天執行禍福賞罰。因此天爲宇宙萬物的主宰，則宇宙間一切自不可不順從天理或服從天意。因此順乎天理或合乎天意者謂之善，而行善的人亦可以得到福或天的賞。違反天理或不合乎天意者謂之惡，而作惡的人亦必得禍或受天的罰。什麼是天理或天意？墨子以爲天所欲者欲人之相愛相利，天所惡者惡人之相惡相賊。天既欲人相愛，則每人自應愛他人之身如愛自身，愛他人之家如愛自家，愛人之國如愛自國，是即所謂兼愛。天既欲人相利，則人人自應互相作實際的幫助，或相與以實利。墨翟認兼愛不但是最主要的道德，也是治天下唯一的辦法。所以他在兼愛中說：「諸侯相愛，則不野戰；家主相愛，則不相篡；人與人相愛，則不相賊。君臣相愛則惠忠；父子相愛則慈孝；兄弟相愛則和調；天下之人相愛則強不執弱，衆不劫寡，富不侮貧，貴不傲賤，詐不欺愚。凡天下之禍篡怨恨可使毋起者，以相愛生也。」最主要的道德既爲兼愛，則與兼愛相反的戰爭自爲反道德的。戰爭何以是反道德的？他在非攻上說得非常透徹：「今有一人入人園圃，竊其桃李，衆聞而非之；上爲政者得則罰之。此何也？以虧人自利也。至攘人犬豕雞豚者，其不義又甚入人園圃竊桃李。是何故也？以虧人愈多，其不仁茲甚，罪益厚。至入人欄廄，取人牛馬者，其不仁義又甚攘人犬豕雞豚。此何故也？以其虧人愈多。苟虧人愈多，其不仁茲甚，罪益厚。至殺不辜人也，拖其衣裘，取戈劍者，其不義又甚入人欄廄，取人馬牛。此何故也？以其虧人愈多。苟其虧人愈多，其不仁茲甚矣，罪益厚。當此天下之君子皆知而非之，謂之不義。今至大爲不義攻國，則弗知非，從而譽之，謂之義。此可謂知義與不義之別乎？殺一人，謂之不義，必有一死罪矣；若以此說往，殺十人十重不義，必有十死罪矣；殺百人百重不義，必有百死罪矣。當此天下之君子皆知而非之，謂之不義。今至大爲不義攻國，則弗知非，從而譽之，謂之義。情不知其不義也。」但墨翟所反對者只是攻，並不是守。至於守，他不但不反對，而且積極提倡，由他助宋禦楚可以知道。這是墨翟的倫理學說。

孔德認知識可以使人類有先知之明。人類有先知之明以後，可以從事改造或改進。所以知識是社會進步主要的動力。知識的進化可以分為宗教、玄學、實證三大階段：在宗教階段中，人類知識極少，不能說明整個宇宙現象，因不能不信仰神祇或靈魂；即認宇宙現象都是由神創造出來的，所有的東西都具有靈魂，好像人一樣，於以產生拜物教(Fetishism)。知識稍進步以後，拜物教變為多神教(Polytheism)；知識再進步以後，多神教變為一神教(Monotheism)。在玄學階段中，人類知識更高，把過去那些擬人的神變成些抽象的原則或概念，如理性(Reason)、自然(Nature)、目的(End)、絕對(Absolute)之類。這些原則都是主觀的，難得人人公認，因此各種原則互相鬥爭。所以在此階段中，常發生知識無政府狀態(Intellectual Anarchy)。在實證階段中，用觀察和實驗的方法研究宇宙萬象，因此所得來的知識都是真實的。這些真實的知識可以使社會進步，可以使人類得到更大的幸福。孔德認為他所處的時代(十九世紀初年)仍是玄學時代，因此思想混亂、政治腐敗、人人自私，必須加以改造。而改造又須利用實證知識，實證知識首先要證明社會是一個有機體。在這個有機體中，個人不但不能脫離社會而獨立，并且他的生存必須以社會為前提，他的幸福必須透過社會的幸福。因此人類不能不完全消滅自利的性情，盡量發展社會或利他的性情。一切自利的行為都是惡的行為，一切利他的行為都是善的行為。這是孔德的倫理學說。

辜堯認生命真義在於力的吸收與放射。生命必須吸收外界力始能維持本身的生存，如人類必須吸收各種營養始能維持生活。但生命所吸收的外力超過維持本身生存的需要以後，必然向外放射；如井水滿了以後，必然四溢一樣。由此種力的放射以產生各種創造活動：如子女繁殖、政治改革、經濟建設、科學發明、學理研究、藝術創造之類。這些創造活動對於他人大有裨益，即此種創造的結果，可以增加他人的生命力。同時由此種生命力的放射，更可以產生種種直接福利於他人的行為，如愛人、利人之類。道德產生既由於生命力之充溢，所以道德是自然，甚或必然的。因道德是自然或必然的，所以道德是一種權利，或必利他人而後快，不是一種義務(Obligation)，而須加以勉強。道德既是一種權利，或必利他人而後快，所以道德亦用不着制裁(Sanction)一尤其是宗教或上帝的制裁。這是辜堯的學說。

克魯泡特金極力反對達爾文生存競爭，適者生存之說；認生物得遂其生的主要條件不在競爭而在互助——尤其是同類互助。如虎雖食人，但不食虎。互助既為生存之主要條件，所以某一種類愈能相助，其種類必愈能繁殖。要求生存為生物之天性，生存實現必須互助，因此生物天性多係互助。由互助產生公道，由公道產生犧牲，道德遂以形成。這是克魯泡特金的學說。這些學說對不對？茲另目加以批評。

第二目　兼愛主義與為他主義的批評

兼愛與為他主義者或認道德是必然的，如墨翟謂兼愛相利出乎天意，辜堯爾謂道德產生由於精力充溢等；或認道德是自然的，如孔德謂人類生而有為他性，克魯泡特金謂人類生而有互助性等。道德既是自然或必然的，所以道德產生用不着勉強或人為。不過這些人雖均認道德產生用不着勉強或人為，但各人立說異常不同，因此對這些人的學說只得分別批評。

墨翟認兼愛不但為最主要的道德，且為治天下的要訣，均有相當道理。他所謂的兼愛，即中國普通所謂的仁，歐美普通所謂的博愛。仁或博愛為最大限度的道德，無論如何不可否認。同時人人相愛自無鬥爭；人人無爭，天下自然太平。但墨翟兼愛學說的基礎建築於天理或天意。天理或天意完全是一種玄學說法。此種玄學說法雖可適用於春秋時代，但不能適合於科學昌明的二十世紀。因此墨翟主張雖有相當道理，亦不能謂之完全正確。

孔德倫理學說建築於實證主義，自然合乎科學。但孔德主張人類應完全消滅自私自利的性情，盡量發展利他的性情，不但與其社會有機體學說相矛盾，而且難免錯誤：社會既為一種有機體，則社會本身與社會份子，或社會份子與社會份子，必互為手段與目的，絕對不可分離。此即前面所謂的社會份子生活於其社會，社會生活於其份子。因社會份子生活於其社會，所以社會無形中成為社會份子生活之目的。社會既為社會份子生活之目的，所以於必要時，社會份子自應為社會犧牲一切。其他社會份子為社會本身一部份的表現，所以為社會犧牲一切亦即間接為其他社會份子犧牲一切。就這方面說，為他主義具有相當道理。但就另一方面說，社會生活於其份子，社會既生活於其份子，社會份子亦是一種目的。社會份子既爲一種目的，則在適當範圍以內，亦應爲我。因此孔德學說陷入矛盾。倘果如孔德所主張，人類完全消滅其自私性情或無條件的犧牲自我，則社會份子消滅以後，社會本身何能生存？因此孔德學說陷入錯誤。

辜堯謂人類一切創造與道德產生均由於精力充溢或精力過剩，雖有一部份道理，亦不能謂之完全正確。因精力充溢或精力過剩，雖可用之於創造或爲善，亦可用之於不當或作惡：例如精力過剩者可用之於子女繁殖、政治改革、經濟建設、科學發明、學理研究、藝術創造等；但亦可用之於放縱性慾、爭權奪勢、投機取利、製造殺人武器、提倡荒唐學說、盜竊虛聲之類。精力過剩亦可用之於作惡，則辜堯道德必然的學說自屬錯誤。

克魯泡特金謂生物生來即具有一種互助天性。此種互助天性不但爲生存的條件，并且爲道德的起源。生物具有一種互助天性，日常事實可以證明，自然不能否認。但生物具有互助天性，亦具有競爭天性。此種競爭不但存在於種族與種族之間，并且存在於種族之內：如個人與個人競爭，團體與團體競爭之類。生物不但具有競爭天性，而且具有鬥爭天性。由此種鬥爭天性，以形成萬物間的互相殘殺，以形成歷史上的不斷戰爭。甚至於不但此種競爭、鬥爭與戰爭是實然的，而且是應然的。因沒有競爭、鬥爭與戰爭，即不能有進步；無進步，則人類的生存與自由即無從提高。因競爭、鬥爭與戰爭不但是實然的，而且是應然的，所以競爭與互助是并存的，亦應并存的。競爭與互助既是并存的，則克氏謂只有互助自然偏頗；競爭與互助既應并存的，則克氏謂只重互助，自難免於錯誤。

兼愛與爲他的各種學說均偏頗或錯誤，所以道德不是必然或自然的。換句話說，即必須加以一種人爲的功夫。此種人爲的功夫，即普通所謂的審慎選擇。

以上所述各派自然人爲主義的倫理學說，雖均認道德產生由於自然，如善性爲他性等；但倘不反對人爲。另有一些倫理學家不但認道德出於自然，而且極力反對人爲。是即下章所討論的消極主義。

本節參攷書：

1. 梁啟超：墨子學案；
2. 陳柱：墨子十論；
3. 蔣竹莊：楊墨哲學；
4. 伍非百：墨子大義述；
5. 孫詒讓：墨子閒詁；
6. J. Martineau: Types of Ethical Theory, Book II;
7. A. Comte: Cours de Philosophie Positive;
8. M. Guyau: Esguisse d'une Morale Sans Obligation ni Sanction;
9. Kropotkin: Mutual Aide。

第八章　消極主義的道德理論

第一節　自然主義的內容與批評

第一目　自然主義的內容

消極主義的倫理學家或認人類絕對是善的，不須加以人爲或陶冶；如勉強加以人爲或陶冶，不但無益而且有害，是即普通所謂的自然主義(Naturalism)。或認社會原是萬惡的，人生都是痛苦，所謂道德就是相憐，是即普通所謂的悲觀主義(Pessimism)。或認現實世界是痛苦的或虛幻的，人生幸福在於自我消滅或回到天堂，是即普通所謂的超脫主義。茲先研究自然主義。

自然主義最主要的代表爲中國的李耳、莊周，法國的盧梭(Rousseau)等。李耳認道爲宇宙萬象的本體，或宇宙萬象的根源　所謂道就是：「有物混成，先天地生；寂兮寥兮，獨立而不改，周行而不殆，可以爲天下母。」所以道是一種絕對的東西，即不隨時間與空間的轉變而轉變，一切宇宙萬物都由它產生而出。人爲萬物之一，所以人亦爲道的表現。道是絕對的，也是自然的，所以凡合乎自然的東西都是好的或善的；凡反乎自然或人爲的東西都是壞的或惡的。因此善人即是一種極端自然的人，好像天眞爛漫的嬰兒。道德既是自然的，則人爲的道德自應反對。所以他說：「絕聖棄智，民利百倍；絕仁棄義，民復孝慈；絕巧棄利，盜賊無有。」他不但反對人爲的道德，而且反對一切人爲的文化。所以他說：「五色令人目盲，五音令人耳聾，五味令人口爽，馳騁畋獵令人心發狂，難得之貨，令人行妨。」所有道德，只是無爲或消極的。所以他說：「聖人處無爲之事，行不言之教，萬物作而不辭，生而不有，爲而不恃，功成而不居。」又說：「江海所以能爲百谷王者，以其善下之，故能爲百谷之王。是以聖人欲上人，以其言下人，欲先人以其身後之；是以處人上而不重，處前而人不能害。是以天下樂推而不厭。以其不爭，故天下莫與之爭。」這是李耳的倫理思想。

莊周認道的世界是絕對的或無限的，至現實世界則爲相對或有限的。倘拿絕對作標準來衡量現實世界，則一切均不值得計較：如就空間來說，逍遙遊中的大鵬徙南冥時，水擊三千里，搏扶搖而上者九萬里；斥鴳則飛不過數仞 就知對的觀點看起來，這兩個東西所活動的空間自大有差別。但就絕對的觀點觀之，則這種差別並不算什麽，因南冥不過爲天之一池，此外還有小而無內，大而無外的絕對空間。就時間而論，⑭大椿以八千歲爲春，八千歲爲秋；朝菌不知晦朔，蟪蛄不知春秋。就相對觀點論之，這兩個東西所佔的時間亦有極大差別。但就絕對觀點論之，則這種差異亦不算什麽，因還有無始無終的絕對時間。所以由絕對觀點看來，宇宙間一切都是相等或齊一的。宇宙間一切既爲相等或齊一的，何必要斤斤計較？現實世界一切既是相等或齊一的，所以理想的人，就是能逍遙於絕對世界，或極端達觀的人。這種逍遙於絕對世界，或極端達觀的人，他名之爲「至人」或「眞人」。至人或眞人：「肌膚若冰雪，綽約若處子；不食五穀，吸風飲露；乘雲氣，御飛龍，而遊乎四海之外。其神凝，使物不疵癘，而年谷熟……。之人也，物莫能之傷，大浸稽天而不溺，大旱金石流，土山焦而不熱。」簡直是一個神人，頗富神秘色彩。如何才能成爲「眞人」？他認爲第一要無爲而自然，第二要無慾而恬淡，第三要心齋養精。這是莊周的倫理思想。

盧梭認爲「由自然得來的東西都是好的，一經過人手就壞了。」文化是由人類創造出來的，所以文化是萬惡的；牠對於人類只有壞處，沒有好處。人類要想得到眞正的幸福，只有囘到自然。因自然是善的或理想的，所以在自然狀態中，人人都是自由平等的，都是幸福和道德的。後來因文化發展，在財產上發生貧富的差別，不得不有鬥爭；如是不能不相約在政治上成立國家組織。由於財產差別和政治組織，以產生不平等和不自由。再由不平等和不自由以產生種種的不道德：如猜忌、憎惡、爭鬥、壓制、遊惰、文弱之類。所以自然是合乎道德的，文化是反道德的。吾人要想促進道德，非囘到自然不可。這是盧梭的倫理思想。以上這些學說是否合乎眞理？亦不能不加以檢討。

第二目 自然主義的批評

上述自然主義倫理學家的中心思想最主要的有兩點：第一，他們認爲自然（Nature）完全是善的，由自然所生出來的人類天性也完全是善的。自然既完全是善的，人類一切自應仿依自然；人類天性既完全是善的，自應聽其自然發展，不必加以人爲或薰陶。第二，他們均認文化是反自然的，所以文化——包括人爲的道德——是罪惡的來源。人類欲得到最大的幸福，必將所有文化完全消滅，重新回到自然。

關於自然善惡的問題，歷來自然主義與積極主義的哲學家見解完全相反：自然主義的哲學家認自然是盡善盡美的，人類必處處依從；積極主義的哲學家認自然是窮兇極惡的，人類必加以征服。實際上這兩種說法均屬錯誤：就對人類來講，自然可以說是一種死的或被動的東西。這種死的或被動的東西，本身是無善惡，或可善可惡的。例如水可以爲人類飲料，可以爲人類孳生五穀；但亦可氾濫、覆舟，使人類喪失生命、財產。又如風可以爲人類推船，可以爲人類變換空氣；亦可以覆人之船，折人之屋……。由此足知自然確是可善可惡的。自然是可善可惡的，人類天性也是可善可惡的。關於人類天性可善可惡的事實，已屢加分析，茲不重述。因此自然主義的第一點中心思想歸於錯誤。

文化所包括的範圍甚廣，凡由人類力量所創造出來的一切東西，均可稱之爲文化。文化雖爲人類所創造，但人類創造文化時既不能不依照本身的自然或天性，又不能不依照物的自然或物性。例如社會文化——包括語言、文字、家庭、職分、級分、國家、道德、法律等的產生，大部份爲人類社會性，如異性本能、支配本能、服從本能、合羣本能等發展的結果：因人類有異性本能與社會本能，所以人類一方面需要互相瞭解，因需要互相瞭解，以有語言文字。另一方面需要互相團結，欲團結不能不互相分工。由兩性分工以產生家庭，由同性分工以產生職分。由能力分工以產生級分。既有分工自不能不有合作，欲合作自不能不有政治組織。既有分工與合作，自不能不有道德與法律以資監督，使各安其所。同時各方面社會文化的構造，亦多依照自然的性質，例如語言構造多依照人類的自然聲音，文字構造多依照事物的特性（如象形字），家庭組織多依照性愛本能，政治組織多依照支配本能與服從天性，道德與法律多依照合羣本能與選擇自由等。物質文化——包括器械、交通、經濟等產生，大部份由於人類生存要求。因人類有生存要求，而生存必須利用各種物質。自然界所供給的物質或不夠用或不合用，遂有各種生產——農業生產與工業生產。各地方自然所供給的東西又不一樣，因此不能不有交換。既有交換自不能不有交通，既有生產與交通自不能不有器械。所以物質文化的起源亦由於人類天性。同時各方面物質文化更不能不依照物的特性：農業完全適應自然，固無待論；工業亦不能不顧到原料的性質；交通不能不顧到地理的形勢；器械只是利用各種自然物與自然法則。因此物質文化的自然性更強。甚至於精神文化亦不能完全脫離自然的羈絆。例如學術一方面須顧到人類求知要求，另一方面又須顧到客觀事實；藝術一方面須顧到人類天性所好，另一方面不能不以自然美爲基礎！如繪畫不能不模做自然美色，雕刻不能不模做自然美形，音樂不能不模做自然美音之類。因此全部文化都是繼續自然的，不是違反自然的。

因各方面文化的產生均由於人類本身的需要，所以各方面文化正當的發展不但不是人類罪惡的來源，而且爲人類幸福的來源，即隨文化的發展，人類的生存與自由比較易於實現：如由社會文化的發展，人類的社會自由比較易於實現；由於物質文化的發展，人類生存和行動自由比較易於實現；由於精神文化的發展，人類精神自由比較易於實現之類。但事實上，有時文化愈發展，人類生存與自由不但不愈易實現，而且愈加減低。例如有時候社會組織愈發展，不但不能提高人類社會自由，而且造成種種不平等，如男女不平等，貴賤不平等以減低大部份人的自由。有時候，經濟愈發展，愈形成貧富不均。因貧富不均以形成種種鬥爭；由種種鬥爭以減低大部份人的生存。換句話講，即文化發展有時候確成爲罪惡的來源。但此種罪惡的產生大多由於過去文化發展缺少控制或計劃。過去人類對於文化發展多聽其自然進行，如是文化過程多類似自然過程，脫離人類意志而自立。因文化脫離人類意志而自立，遂致有時候人類倒變爲文化的工具：舉其著者，如在父權家庭中，女子變爲男子的工具；在專制政治中，一般人成爲君主的工具；在資本主義社會中，工人成爲資本家的工具……。但此種變態現象係由於過去文化發展之缺乏計劃或控制，並非文化本身必然如此。自然主義認此爲文化本身的罪惡，可謂完全錯誤。

因自然主義的學說錯誤，所以老莊學說雖在中國發生甚早，但終爲積極主義的儒家學說所推翻；盧梭學說雖在歐洲十八世紀一度風行，但歐洲人並不減低其征服自然的努力。但自然主義雖反對文化，尚不反對這個現實世界；至悲觀主義者不但懷疑文化，而且懷疑整個現實世界。茲討論之於後。

本節參考書：

1. 蔡元培：中國倫理學史，第一期，第七、八章；
2. 三浦藤作著，張宗元譯：中國倫理學史，第一編，第三章；
3. 陳　柱：老學八篇；
4. 陳　柱：老子與莊子（萬有文庫）；
5. 胡哲敷：老莊哲學；
6. 郎擎霄：莊子學案；
7. 蘇甲榮：莊子哲學；
8. 森先堂：老子評議；
9. 王先謙：莊子集解（萬有文庫）；
10 Rousseau: si le R'établisement des Sciences et des Arts A Contribue a Epurer les Moeurs;
11 Rousseau: Emile au sur l'Education。

第二節　悲觀或出世主義的內容與批評

第一目　悲觀或出世主義的內容

悲觀或出世主義最主要的代表為印度的釋迦牟尼(Sakyamuni)與德國的叔本華(Schopenhauer)。釋迦牟尼與叔本華所生的時代與國家雖大不相同，但叔本華悲觀主義的學說係受印度佛教的影響，因此兩人的學說不但中心思想相同，甚至可以說叔本華的悲觀主義不過為佛教一種哲學的說明，因特合併討論。

釋迦牟尼，普通又稱彌陀(Buddha)，本為哲學家，後來宗派流傳，演成一種宗教，即普通所謂的佛教(B

ddhism），好像孔子學說本爲哲學，後來演成儒教；老子學說亦爲哲學，後來演爲道教一樣。釋迦牟尼認爲宇宙萬象皆人心所造，實際上幷不存在。實際上存在的只是空或無。至於實或有則爲心的幻想（Illusion）。由於心將空或無幻想成實或有，遂生我執。所謂我執有點像前面所講的自私主義，即認我不但是眞實存在的，而且是自爲目的的。我的主要要求即爲生存。因此各個我或各個體遂盡量殘害其他個體，以求自我生存的實現或滿足。整個世界遂變爲萬物相斫的世界。但因宇宙本是空，我只是幻想的；所以各個體無論如何鬥爭仍不能得到永久的生存——即必有死，或回到空。所以此種鬥爭是毫無意義的。同時在生的一刹那間，不是病即是老，完全充滿痛苦，沒有絲毫快樂；所以此種鬥爭也是毫無價値的。生存鬥爭既造成種種罪惡又無意義和價値，自不如索性消滅生存要求，以直接歸於無的本體。不過佛教雖主張消滅生存要求，但不贊成自殺。他認爲自殺只能消滅肉體。肉體不過爲生存要求的一種軀殼，更是幻中之幻，因此不是澈底的辦法。澈底的辦法厥爲消滅生存要求本身。如何才能消滅生存要求本身？佛教認爲要刻苦修行。所謂刻苦修行，就是一方面鄙棄世間上一切享樂，如飲食、男女之類，以促成身體涅槃；另一方面鍛鍊心靈，使生存要求或生存衝動歸於寂滅，以促成精神涅槃。身體與精神涅槃，或完全消滅以後，遂脫離塵世間一切罪惡與痛苦，以回到無或空的本體。此爲釋迦牟尼的學說。

叔本華認宇宙萬象由外面看起來均爲人類觀念，由內面看起來均爲生存慾望（Willezum Leben）。這種生存慾望表現於無生命世界爲各種力，表現於有生命世界爲生存衝動。萬物如此，人類亦然。人生最重要的既爲生存慾望，所謂理性不過爲生存慾望的工具，對於生存慾望毫無支配能力。此種生存慾望是盲目的，無止境的。因牠是盲目的，所以牠驅使宇宙間萬物不斷地互相鬥爭。互相鬥爭的結果：強的消滅弱的，衆的消滅寡的；更強的又消滅強的，更衆的又消滅衆的，整個世界於以變成戰場，所有萬物於以變爲殘酷的東西。同時因生存慾望是無止境的。舊的慾望還沒有滿足，新的慾望已經產生，陳陳相因，永無滿足之一日。好像走馬燈不斷旋轉，永無停止的時候一樣。慾望不得滿足則發生痛苦。慾望無止境，痛苦亦無止境。因此生命僅是痛苦；所謂快樂不過只是沒有痛苦的一剎那，並非眞正的快樂。禽獸如此，人類亦如此；個人如此，社會亦如此。所謂改善完全是一種空想。避免痛苦的方法只有兩個：一爲由欣賞學術與藝術，使生存慾望忘失。但學術與藝術只是具有學術和藝術天才的人才能欣賞，所以一般人不能用這種方法。同時欣賞學術與藝術只能使生存慾望暫時忘失，不能永久忘失或消滅。所以即具有學術與藝術天才的人亦不過暫時超脫。所以此種方法只是治標的辦法。另一個治本的方法則爲佛家所講的否定或消滅生存慾望。生存慾望否定或消滅以後，自沒有不滿足。沒有不滿足，自然沒有痛苦。所有人生既然都是痛苦的，所有人類自然都是痛苦的人。所有人類既然都是痛苦的人，則人人自應相憐（Mitleid）。這種相憐是最高的道德，也是一切善行的來源。這是叔本華的學說。此種學說對不對？茲另目加以批評。

第二目　悲觀或出世主義的批評

上述釋迦牟尼與叔本華的學說有幾個共同的要點：就知識論方面說，他們都是觀念論者(Idealist)，如釋迦牟尼認「大地河山爲心所造。」叔本華認宇宙的表現只是觀念。就玄學方面說，他們都是唯心主義者(Spiritualist)，即認生存要求或慾望爲生命的主要內容，至於身體則是軀殼或不重要的。就人生哲學和倫理學方面說，第一，他們均爲唯生主義者，即承認生存要求或慾望爲人生唯一或主要的內容；第二，他們均爲個人主義者，即認個人既有死，永生自無實現之可能；第三，他們均爲痛苦主義者，即認人生內容盡是痛苦，所謂快樂是完全沒有的；第四，他們均爲絕世或出世主義者，即認人類要想得到眞正幸福或永久滿足，唯有消滅生存要求。關於觀念論與唯心主義超出本書所討論的範圍，可以略而不論。現須批評者僅爲關於人生哲學與倫理學之四點。

根據前面研究，人生要求或慾望是多方面的，最主要的亦爲生存與自由。生存與自由既無法再行歸納，亦無法互相分離。因此二者同爲人類活動的兩大目的。因生存與自由同爲人類活動的兩大目的，所以生存與自由的實現具有同等價值。因生存與自由的實現具有同等價值，所以生存要求的發展雖或可以減少生存（即互相殘殺），但強者消滅弱者，衆者消滅寡者的結果，可以提高自由。所以生存鬥爭的結果並不一定產生罪惡。因此唯生主義以及由唯生主義所產生的罪惡主義即不錯誤亦係偏頗。

至於個人主義的錯誤，前面業已詳加分析。根據前面的分析，足知個人不但爲整體或羣的一部份表現，而且完全不能與之脫離。換句話講，即個體均係生於羣死於羣，爲羣而生，爲羣而死的。因個體只是整體或羣的一部份表現，所以個體的生死只是整體或羣的細胞新陳代謝。個體生死既爲整體或羣的細胞新陳代謝，所以整體生存即爲個體的生存。整體生存既爲個體生存，所以只要整體能生存，個體雖死等於不死。現代遺傳學說可以爲之證明：根據現代遺傳學說，吾人身體僅爲性細胞某一時、某一地的驅殼，如是只要性細胞能繼續遺傳於子女，則本身雖有消滅，好像蠶化爲蛹，蛹變爲蛾，蛾卵復變爲蠶一樣；只是轉變，不是死亡。此種性細胞是一個民族血統所共有的，如是即某個人的性細胞不幸消滅，只要其民族的性細胞不完全消滅，本身的生存仍然繼續。因此整體永久的生存即爲個體永久的生存。整體永生由歷史證明是可能的。至關於生命前途雖有種種悲觀的推測，如太陽失熱，星球互撞等，但只是推測(Hypothesis)，不是法則(Law)。因此由個人主義所產生的悲觀主義完全錯誤。

在前面已經講過，痛苦與快樂完全是相對的，有快樂即有痛苦，有痛苦亦必有快樂。決不會只有快樂毫無痛苦，亦決不會只有痛苦，毫無快樂。因此人生有痛苦的時候，亦有快樂的時候；有痛苦的地方亦有快樂的地方。釋迦牟尼與叔本華謂人生盡是痛苦，不符客觀事實。況且在前面已經講過，人生目的不是求快樂的。人生目的既不在於求快樂，所以儘管人生充滿痛苦，只要其真正目的——生存與自由——能夠實現，亦無關係。因此由痛苦主義所產生的悲觀主義亦歸於錯誤。

至二氏的絕生或出世主義是根據罪惡主義、悲觀主義來的。如上分析，罪惡主義與悲觀主義既均錯誤，則絕生或出世主義自歸於錯誤。因絕生或出世主義錯誤，所以佛家絕生或出世的學說雖有信奉之者，但極少實行之者。如信佛教的人均爲實行佛教的人，則所有信佛教的人類，如緬甸人、暹羅人、西藏人、蒙古人等應該久已完全消滅或幾個涅槃。信佛教的人不能實行佛教，即足爲佛教錯誤之證。茲進而研究超脫主義的內容與批評。

本節參考書：

1. 張東蓀：道德哲學，第四章，第四節；
2. 梁漱溟：印度哲學概論，
3. 太虛：佛學ABC；
4. 上野清原著，張紱譯：佛教哲學(商務)；
5. B.H.Streeter:The Buddha and the Christ;
6. A.Fouillee:Critique des Systemes de Morale Contemporains, L.V;
7. Pischel:Leben und Lehre des Buddhas;
8. K.Schmidt:Der Bnddha und seine Lehre;
9. A.Schopenhauer:Die Welt als Wille und Vorstellung。

第三節　超脫主義的內容與批評

第一目　超脫主義的內容

超脫主義最主要的代表爲耶穌基督(Jesus Christ)，奧古斯丁(Augustine)，托瑪斯亞奎拉斯(Thomas Aquinas)等。耶穌基督認宇宙萬象都是神或上帝創造出來的，同時神或上帝亦爲宇宙萬象最高的主宰。神或上帝所創造的世界可以分爲兩個：一爲神的世界，一爲人的或自然世界。神的世界是真實的、和諧的、至善的，人的或自然世界則是假的、矛盾的、充滿罪惡的。神或上帝是萬智、萬能、萬善的，神或上帝既是萬智、萬能、萬善，何以要創造一個假的、矛盾的、充滿罪惡的世界呢？這是因爲要處置罪犯的。好像文明國家內面要設一個監獄來處置犯人一樣。人類祖先本是生活在神的世界或天國裏面的，後來因爲犯罪，遂被上帝貶謫到自然世界。上帝將人類貶謫到自然世界的目的，是要使其由種種痛苦以得到覺悟，由覺悟以信仰上帝，以祈禱上帝，由祈禱上帝以得到上帝的寬宥，重新回到天堂。因此現實世界只是牢獄，現實人生只是囚徒。現實世界既是牢獄，現實世界自非眞正或美滿的世界。現實人生既是囚徒，現實人生自非目的；好像牢獄生活自非生活目的一樣。因人生是一個囚徒，囚徒是無自由的，是不能有所作爲的，好像囚徒無自由，不能有所作爲一樣。因此一切行爲只有着重消極或懺悔方面，而耶穌基督所提倡的道德亦多爲消極的道德。他認爲第一個道德即爲信仰(Belief or Faith)。所謂信仰就是相信在現實世界外確有神和神國的存在。神不但眞實存在，且爲宇宙萬象的主宰。因神爲宇宙萬象的主宰，所以人類罪惡只有求神來救。既要信仰，自不能不反對智慧，因智慧容易懷疑。所以耶穌認爲愚者反更適宜於天國。第二個德行爲仁愛（Love）。所謂仁愛，就是愛神。人爲神的兒子，所以愛神也要愛他的兒子或人。第三個德行就是服從（Obedience）。所謂服從就是服從神，以及神的代理人，如教堂、神父等。第四個德行就是忍耐（Patience）。所謂忍耐，就是遭受任何委曲或痛苦，不加以積極的反抗。第五個德行爲謙遜（Humility）。所謂謙遜就是承認我們自己的力量微弱，一定要依賴萬知、萬能的神。第六個德行爲貞潔（Purity）。所謂貞潔即指貞操與清潔。第七個德行爲鄙棄現世與肉體。所謂鄙棄現世和肉體，就是認現實世界中的一切東西如財產、名譽、權力，甚至於自己的肉體等，不但皆爲不重要的東西，而且爲超脫的障礙；所以要極力與之離開。這是耶穌基督的倫理學說。

奧古斯丁認神是絕對的眞理、至高的實在、觀念的世界、萬物的原因、眞美善的根源。人是由神來的。人類的精神可分爲認識、判斷與意志三方面，但以意志爲中心；認識和判斷不過爲意志的作用。但現實世界上的人類是罪惡深重的，需要救濟。能救濟人類的只有耶穌基督。沒有耶穌基督就要永遠受罪。因人類都是罪人，所以不能依人類自己的自由而自救，惟有依賴神。因此人類一切均爲神所決定。因人類一切均爲神所決定，所以人類除求神以外，自己毫無辦法。因此奧古斯丁認博愛、信仰、希望（Hope）三者爲基本道德。而信仰尤爲一切道德的根本，凡是不由信仰而來的都是罪惡。而信仰和博愛有不可分離的關係，信仰由仁愛而生長，仁愛由信仰而增加力量。信仰和仁愛相結合遂產生希望。這是奧古斯丁的倫理學說。

托馬斯亞基拉斯認一切活動，無論是有理性或無理性的，都向着一個目的。但普通人所追求的目的如富貴、權力、快樂等都不能使人類得到眞正的快樂。眞正的快樂只有神能夠給予。神是萬物的眞因，是一切活動的原則。所以一切活動都是無意識地向着神。因此最高的善，客觀看起來，就是神；主觀看起來，就是想像神完善的一種快樂。雖然在現實世界中也有些普通的快樂如健康、友誼等；但高級的快樂只有靠神的恩惠給予。而神恩並不是隨便給予的，一定要有好的心，有合乎德行的活動，才可以得到。什麼是合乎德行的活動？他認爲有兩類：一類爲希臘的四主德，如智慧、節制、堅忍、正義等。這類德行，他名之爲自然的德行（Natural virtues），或公民的道德(Civic moral)。另一類爲奧古斯丁的三主德，如信仰、仁愛與希望。這類德行，他名之爲超自然的德行(Supranatural virtues)或宗教的道德(Religious moral)。自然德行是用人力可以得到的，至超自然的德行必須由神的恩賜。同時超自然德行是識神、愛神以得到神恩的道路，所以超自然的德行高於自然的德行。而超自然的德行中又以信仰爲其基礎。這是托馬斯亞基拉斯的倫理學說。此種說法對與不對？下目當加以批評。

第二目　超脫主義的批評

由上述耶穌基督、奧古斯丁、托馬斯亞基拉斯的學說，可知超脫主義有四個共同之點：第一，他們均認爲有神，或超自然主義者（Theist or Supranaturalist）。因他們均爲有神或超自然主義者，所以他們均認爲在現實世界以外，仍有神的或超自然世界。神或超自然世界不但是眞實的，且爲現實世界的主宰。第二，他們均爲他主，或神定主義者(Heteronomist or God-determinist)。神既爲現實世界的主宰，則現實世界一切（連人類在內）自不能不爲神所決定。現實世界一切既爲神所決定，人類自不能有自由。第三，他們均爲未來主義者（Futurist）。神的世界是眞的和美滿的，人類本是由這個眞實美滿的世界貶謫下來的，因此人生目的自在於將來重新回到神國或天堂，以渡其永久美滿的生活。第四，他們均爲感情主義者（Emotionalist）。神的世界和未來生活均不是理智所能證明的，只有由感情以體驗，因此人生內容最主要的就是感情。茲依此四點加以批評。

神或超自然世界以及未來生活都是超出現實世界的，但人類理智所能認識或瞭解者僅限於現實世界。因此神或超自然世界究竟存在與否？未來生活究竟是有沒有？均不能由人類理智加以決定。理智既不能斷定其為有，亦不能斷定其為無。神的世界存在與否與未來生活是有沒有？既不能由理智以確定，則信與不信聽乎其人。同時神的世界與未來生活既不能由理智以確定，信與不信聽乎其人；則此種學說自不能批評，亦無須批評。

至他主或神定主義，則與前面所講的不相符合。根據前面所講的，可以知道，人類在某一定範圍以內是有選擇自由的。即在一定環境之下，自己可以自由決定自己的行為——其著者如為善或為惡。人類在一定環境之下，既可以自由決定自己的行為，則他主或神定主義自歸於錯誤。同時感情主義與前面所分析的亦多不合。根據前面的分析，足知人生最主要的內容為意志或慾望。至於感情則不過為意志或慾望活動時的附帶表現。因此感情主義亦有未當。

以上各派倫理學說雖主張不盡相同，但均認道德係個人產生出來的，亦以實現個人為目的，統可名之為個人主義的道德理論。個人，尤其是孤立的個人，前面已屢加分析，實際上是沒有的。實際上所有的只是人羣。因此個人主義的道德理論統歸於錯誤。與個人主義道德理論相反的厥為整體主義道德理論。茲另章研究之於後。

本節參考書：
1. 三浦藤作著，張宗元譯：西洋倫理學史，第二篇；
2. 新舊約全書；
3. B. H. Sreeter: The Buddha and the Christ;
4. B. Rand: The Classical Moralists, ch. Ⅹ, ⅩⅡ;

5. A. Fouillee: Critique des Systemes de morale Contemporains, L. Ⅷ;

6. O. Dittrich: Geschichte der Ethik, II. B. II. Teil;

7. St. Augustine: The City of God;

8. St. Thomas Aqunas: Summa Theologiae。

第九章　整體主義的道德理論

第一節　直覺主義的內容與批評

第一目　直覺主義的內容

整體主義（Universalism）的學者雖均認道德爲客觀所有或先個人存在的，但立論多所不同：有的認道德是一種客觀法則，個人不過加以瞭解或執行，是即普通所謂的直覺主義（Intuitionism）；有的認道德乃國家所製造，亦藉國家以實現，是即普通所謂的國家主義（Etatism）；有的認道德係民族所產生，亦以維持民族共同生活爲目的，是即普通所謂的民族主義（Nationalism）。茲先討論直覺主義。

直覺主義不但在英國產生甚早，而且爲英國倫理思想兩大主流之一，其主要代表當推葛德俄斯（Cudworth）、克拉克（Clarke）、夏富伯里（Shaftesbury）、侯企孫（Hutcheson）、亞丹斯密斯（Adam Smith）、馬諦腦（Martineau）亞立山大（Alexander）等。葛德俄斯於其所著永久與不可變的道德論（Treatise on eternal and unmutable morality）中，認善惡區別超越人和神的意志，爲一種客觀存在的東西。這種客觀存在的東西可以爲理性所認識，好像空間與數目的關係能爲理性所認識一樣。因此倫理眞理和數學眞理一樣，不只關係於某一個個體，而關係於事物的普遍本質。倫理信條對於一切有理性的人類普遍有效，好像幾何學眞理對於一切有理性的人類普遍有效一樣。

克拉克於其所著鮑易爾講演（Boyle Lectures）中，認萬物是和其他一切物件相關係而存在的，和其他物件有互相調和的合宜性；因而吾人行爲也有和外界事物相調和的合宜性。萬物和他物相調和是客觀的合宜性，吾人行爲和外界相調和是主觀的合宜性。行爲的邪正善惡視牠能否和外界事物相調和而定。換句話講，就是道德判斷的標準，在於主觀合宜性的有無。凡行爲和外界事物不相矛盾，不相衝突，而甚合宜者就是善，反之就是惡。那麽行爲的合宜性怎樣才能認識？這是由於理性的直覺（Rational Intuition）。理性好像能直覺數量一樣，有直覺行爲合宜與否的能力。所以道德原則和數學原理相同，是直覺的、是自明的(Self-evident)。因此道德的存在是客觀的，并絕對的。

夏富伯里於其所著德或善的研究(An Inquiry Concerning Virtue or Merit)中及人俗意時的特徵(Characteristics of Man, Manners, Opinions, Times)等著作，認人類生而具有一種道德感官(Moral Sense)可以直接判斷善惡；好像我們因具有美的感官，可以直接判斷美醜一樣。因此人類的道德性是內在的，不是外來的。同時他認爲整個世界是一種調和的美。整個世界既是一種調和的美，則所謂善亦不過是調和美的一種。世界的調和爲雜多而歸於神的統一，善的調和則爲吾人各種天性適宜的發展。人類各種天性約可分爲三方面：即自然情感(Natural affection)，如愛與同情等；自我情感(Self affection)，如好生與身體慾望等；不自然情感(Unnatural affection)如殘酷，迷信等。自然情感傾向造福於人，自我情感傾向造福於己。不自然情感既不能造福於社會，又不能造福於己，所以應當完全剷除。至自然情感與自我情感應當互相調和。調和的結果產生社會幸福，也產生自己幸福；因自己是社會的一份子。而這種調和也就是善。

侯企孫於其所著道德哲學體系(System of Moral Philosophy)中，繼承夏富伯里學說，認道德感官即爲仁愛(Benevolence)。仁愛與自愛(Self-love)爲行爲的兩大決定者。但這兩大決定者當中，尤以仁愛爲最有力。換句話說，人生而爲仁愛的動物。因人生而爲仁愛的動物，所以仁愛是完全自爲目的，並非愛人爲自利的工具。人類到快死的時候，對他所愛的人的幸福，更加關心，是爲仁愛自爲目的之證。

亞丹斯密斯於其所著道德情感論(Theory of Moral Sentiments)中，謂同情不但爲道德感情的最後元素，並且爲道德判斷的出發點。所謂同情就是某個人對另一個人的共同感覺。這種共同感覺的意識常是快樂的。即引起這個共同感覺的是一個痛苦的東西，亦復如此。同時這種共同感覺也是我們判斷行爲善惡的基礎。此種共同感覺或同情可分直接與間接兩種：所謂直接的同情，即對於行爲者的感情同情；所謂間接的同情，即對於受惠者的感激同情。這兩種同情之中，尤以後者爲最普徧。因此對於不道德的批評就是一方面對於失行者的反對，另一方面對於受害者的同情。此種批評與同情驅使我們贊成對失行者加以懲罰，於以形成正義之心。這是就批評他人的行爲而言。在判斷自己的行爲時，把我們自己分成兩個我：一爲判斷的我，一爲行爲的我。判斷的我對於行爲的我的行爲，和其接受者的感覺加一種同感。由這種同感，發生一種善惡的判斷，好像對於他人行爲的判斷一樣。此種判斷的我即普通所謂的良心。因此，亞丹斯密斯亦可稱爲侯企孫學說的繼承者。

卜特綠於其所著人性說教(Sermons on Human Nature)及德行本質論(Dissertation on the Nature of Virtue)中，認社會爲有機的整體，其間各部份絕對不可分離。因社會是有機體，所以人類生來即具有社會性或道德性。其著者如自愛，仁愛與良心。由自愛與仁愛以產生基本私德與基本公德。由良心統治此二者，以使人自爲法律（Man is a Law to Himself），即絕對爲善而不爲惡。因此順人類天性發展。社會自然可以和諧，不至互相鬥爭。

馬諦腦於其所著倫理學諸派別(Ty pesof Ethical Theory)中，謂人類生來具有三重人格或三個我：第一重人格，或第一個我爲本能衝動，如食慾、色慾、厭惡、憤怒、同情、驚奇之類。第二重人格，或第二個我爲順本能以產生的各種慾望，如貪財、好樂、愛勢、讎恨、猜疑、熱戀等。第三重人格，或第三個我則爲左右各種衝動，控制各種慾望的良心。第一個我或各種本能衝動是無善無惡或善多於惡的，第二個我或各種慾望則完全是惡的，至第三個我或良心則完全是善的。所以道德即爲良心左右各種衝動，控制各種慾望或實行選擇的結果。良心是自知的，是每人都有的，因此每個人都能直接瞭解善惡。換句話講，即道德爲客觀的東西。

亞力山大於其所著道德秩序與道德進步(Moral Order and Progress)中，就與認識者的關係，分宇宙萬物爲三種性質：第一種性質，爲空間大小、運動遲速等；第二種性質，爲顏色黑白、味道甘苦、聲音銳鈍、溫度寒熱等；第三種性質，爲行爲善惡、景相美醜等。第一種性質偏於客觀；第二種性質主觀與客觀相等；第三種性質偏於主觀。但第三種性質雖偏於主觀，亦爲客觀存在的東西；即善惡美醜雖不能脫離判斷者之主觀而存在，但一與主觀相遇，則立即發現；好像兩氫一氧相遇，立即成水一樣。兩氫一氧相遇立刻成水，可謂氫氧之中各含有成水的必然性。換句話講，此種必然性不爲某一方面所獨有。善惡亦然：即判斷者與行爲者各具有善之必然性。因判斷者與行爲者各具有善之必然性，所以吾人不能任意謂善的行爲爲惡的行爲。這是直覺主義的內容。下目當加以批評。

第二目　直覺主義的批評

如上所述，直覺主義的學說，雖各家立論不同，亦有幾個共同的地方：第一，他們均爲整體主義者，即認道德不但爲客觀存在的東西，而且脫離人類自成一個世界。人類各種道德行爲，只是發現，不是創造；好像各種數學公式和自然法則只是發現，不是創造一樣。如葛德倭斯謂道德爲客觀存在的東西，克拉克謂道德爲萬物的合宜性，夏富伯里謂道德爲宇宙調和的表現，亞力山大謂道德爲一種必然性之類。第二，他們均爲直覺主義者(Intuitionist)，即認人類生來具有一種道德天性。由這種道德天性，可以直接發現道德世界。如葛德倭斯與克拉克所謂的理性，夏富伯里所謂的道德感官，侯企孫所謂的仁愛，卜特祿與馬諦腦所謂的良心之類。第三，他們均爲善的決定主義者，即道德既是客觀的，人類又能直接發現道德，所以人類行爲一定是善的，如有惡行，不是錯誤便是偶然。茲一一略加批評。

在前面曾經講過，道德現象是一種實質的東西，不但可以脫離個人而自立，並且對於個人有一種極大的威力。足見整體主義含有極大真理，但謂道德可以脫離個人而自立，並非謂道德可以脫離人類而自立。實際上道德不但不能脫離人類而自立，而且爲人類創造的結果。道德所以然爲人類創造的結果，即因道德爲文化之一方面。文化——包括社會工具，如語言、文字與教育，社會組織，如家庭、職分、級分與國家，社會紀律，如道德和法律，物質文化，如機械、交通與經濟，精神文化，如學術、藝術與宗教等——毫無疑義地，均爲人類所創造。人類在創造文化的時候，雖不能不依據內外自然或天性，即文化多爲改造或發展天性的結果，但曾經過人類的努力，則無論如何不能否認。各方面文化既爲人類努力的結果，而道德又爲文化之一方面，足證道德亦爲人類改造或創造。道德既係人類改造或創造，所以道德決不能脫離人類而自立，更不能先乎人類而存在。所以此種整體主義的說法，不能謂之完全正確。

理性是人類生來具有的，同時理性對於道德行爲亦有相當影響；前面業已論及，茲不重述。至謂人類生來具有道德感官或良心，則不符合客觀事實：兒童不瞭解成人道德，野蠻人與文明人的道德不同，卽可爲人類生來並無道德感官或良心之證。道德感官或良心既非先天的，卽或有之亦爲後天的。因道德感官或良心是後天的，所以道德感官與良心的內容及力量隨各個時代與各個民族文化水準與文化風格的不同而不同：例如有些人認虐待動物已是違反道德；有些人認爲吃人肉亦不算什麽；有些民族認必將父母的屍體妥善保存，始能安慰良心；有些民族必將父母的屍體化爲灰燼，始覺合理；有些民族必俟父母遺體被禽獸啄食，始舉行慶祝之類。而且隨各人的修養不同而差別：例如道學先生言笑不苟，天生犯人可以殺人放火……。因道德感官與良心隨環境與個人的修養不同而不同，所以道德感官與良心完全是主觀的。因道德感官與良心完全是主觀的；所以道德世界的存在，道德感官或良心亦不能加以正確瞭解。因此直覺主義歸於錯誤。

至於決定主義的錯誤，前面已經論到，茲略加數語，以爲補充：果如直覺主義者所謂，一方面有客觀存在的道德世界，另一方面又有可以直接瞭解道德世界的道德感官或良心；人類行爲一定是善的，倘竟有惡行不是錯誤便是偶然。惡行既爲錯誤或偶然，行爲者自己自可以不負責任，社會對於惡的行爲者亦不能加以譴責；因是由於認識錯誤或無意識的。但人類對於自己的惡行往往發生內疚或懺悔，社會對於各人的惡行往往加以譴責或制裁；足見人類對於自己的惡行願意負責，社會對於個人惡行是要其負責的。人類對於自己惡行既願意負責，社會對於個人惡行亦要其負責，足見惡行不是錯誤或偶然，乃爲本身選擇的結果。行爲善惡既爲各人選擇的結果，善的決定主義自然錯誤。茲進而研究國家主義的內容與批評。

本節參攷書：

1. 張東蓀：道德哲學，第三章；
2. 遠藤隆吉：東洋倫理學，第五章，第一節；
3. J. Bonar: The Moral Sense, ch. I—VI;

4. H. Rashdall: Theory of Good & Evil, Book I, ch. Ⅳ;
5. J. Martineau: Types of Ethical Theory P. II, Book II, Branch II-Ⅲ;
6. H. Sidgwick: Methods of Ethics, Book Ⅲ;
7. L. A. Selby-Bigge: British Moralists, vol. I, P. 1–250;
8. Rand: Classical Moralists, ch. XV–XVII, XXI–XXIV。

第二節　國家主義的內容與批評

第一目　國家主義的內容

國家主義倫理學說的主要代表為德國赫格爾（Hegel）。赫格爾為一極嚴密的系統學家（Systematiker），全部哲學思想構成一個整體，絕對不可分離。因此欲瞭解赫格爾的倫理思想，不能不略述赫格爾的整個哲學。

赫格爾整個哲學構成於兩大骨幹：一為唯心主義(Idealism)，一為辯證方法（Dialectic Method）。所謂唯心主義，即認宇宙萬象均為精神或心靈的表現，連物質世界亦不能例外。所謂辯證方法，即宇宙萬象之發展均由正而反，由反而合；由合又反，由反又合，以至無窮。依此方法赫格爾分哲學為三大部份：一為邏輯學、二為自然哲學、三為精神哲學。邏輯學研究絕對精神之本身，為最高之正；自然哲學研究無精神之物質界為最高之反；精神哲學研究人文現象為最高之合。

但赫格爾所謂的邏輯學，與一般邏輯學的意義不同：牠既不研究思維之法則，亦不研究科學之方法，乃研究宇宙整體之必然性，或絕對精神之內在演變。宇宙整體之必然性，或絕對精神之內在演變亦依照辯證法之法則。依照此法則，絕對精神由「萬有」(Sein)經過「本質」(Wesen)以至「概念」(Begriff)。概念復由主觀概念經過客觀以至觀念(Idee)。觀念為所有範疇中之最具體者，亦包括以前所有的範疇；牠超出一切相對入於絕對，成為絕對精神內在演變之最高峰。

絕對精神本身演變到最高峯成觀念以後，卽變成與其本身絕對相反的東西。此種與其本身絕對相反的東西，卽普通所謂的自然(Nature)。自然由最低，或最抽象的，時間、空間經過無機物到有機物。有機物由植物經過動物以至人類。研究此種發展過程的學問卽爲前面所謂的自然哲學。

人類出現以後，理性又由隱藏到顯著 換句話講，卽絕對精神又由外界囘到本身。絕對精神由外界囘到本身卽產生精神(Geist)。研究精神的學問卽前面所謂的精神哲學。此種精神哲學卽爲現代所謂的文化哲學。精神依照辯證法的法則，又分爲三方面：卽主觀精神、客觀精神與絕對精神。主觀精神卽爲人類的心理活動，由最原始的靈魂經過知覺變爲心靈。心靈又由理論心靈經過實踐心靈變爲自由心靈。所謂自由心靈卽意志以自己爲對象，或自己決定自己。意志自己決定自己卽成爲自由意志。

自由意志具體化，或走到外界以後，卽產生客觀精神。客觀精神復分爲三方面：卽抽象權利，道德性與人倫。所謂抽象權利頗似自然法學派所謂的人權、人權最主要者三：一爲財產權、二爲契約權、三爲錯誤與懲罰。所謂道德性係指人類意志活動及其是非觀念。意志活動由目的經過志向以進到善惡。所謂善卽個人目的與普遍意志相適合，所謂惡卽個人目的與普遍意志相反。理性是普遍的，所以合乎理性的行爲均爲善的行爲，不合乎理性的行爲均爲惡的行爲。所謂人倫係指各種社會組織間，人與人的關係，其主要者爲家庭、社會與國家。

家庭的成立雖以愛情爲主，但愛情實爲理性的化身並非私人的情感。因此家庭爲理性發展之必然結果，或普遍意志的客觀化。家庭既爲理性發展的必然結果或普遍意志的客觀化；所以家庭不是爲個人而成立的東西，亦不能隨個人的好惡而轉移。但家庭主要的目的在於教養子女。子女教養成人以後，自己又成立新家庭，家庭於焉分化。家庭分化以後，遂形成社會。在社會中，一方面各人自求滿足其本身需要；另一方面由互相分工以產生互賴。各人自求滿足其本人需要，不能不發生衝突；各人互相依賴，又無法分離。於是爲避免衝突，實現合作，不能不有法律。法律卽爲抽象權利之客觀化，亦是理性的表現，自我的化身。但法律的制訂與執行不能不有國家。國家包括家庭與社會，爲理性發展的必然結果，亦爲眞我或自由的具體化。因國家爲理性發展的必然結果，所以國家自爲目的，不爲任何其他東西的工具或手段。國家旣爲眞我或自由的具體化，所以個人目的與國家目的互相一致；個人自由亦必須於國家中方能實現。因此國家爲客觀精神發展之最高峯，亦爲整個文化之中心。

國家雖爲客觀精神發展之最高峯，但仍屬於外在。旣屬外在，自不能不受限制。旣受限制，自不能爲無限或絕對。但宇宙本體是絕對的，必須回到絕對，始爲自我實現，始爲發展圓滿。因此在客觀精神以外，仍不能不有絕對精神。絕對精神包括藝術、宗教與哲學。藝術是絕對精神藉感覺世界自己表現自己；宗教乃是絕對精神藉想象(Vorstellung)以表現自己；哲學乃是絕對精神藉理性以表現自己。絕對精神本身即爲理性。於是以理性表現絕對精神，即爲以理性表現理性；或以絕對精神表現絕對精神。於是絕對精神經過許多發展以後復回到其本身。絕對精神經過許多發展回到其本身的記載，即爲世界歷史。這是赫格爾的哲學思想或倫理學說。此種學說究竟有無道理？下目當加以批評。

第二目　國家主義的批評

根據上目敍述，足知赫格爾的學說中心，在玄學方面，爲唯心主義與辯證法則；在文化或社會哲學方面，爲整體主義與國家主義。所謂整體主義，即認地面上的各種現象均爲宇宙本體的表現，尤其是各方面社會文化，如道德、法律、家庭、國家等均爲客觀精神之表現；旣非由個人意志以產生，亦非以維護個人利益爲目的。因此個人主義的各種理論完全錯誤。所謂國家主義，即認國家不但爲地面上最高的東西，而且自爲目的。國家旣爲地面上最高的東西，則個人自不過爲其實現的工具；個人旣不過爲其實現的工具，則個人自應無條件地爲國家犧牲一切。國家旣自爲目的，則國家自可自由作爲一切，不必有所顧慮。唯心主義與辯證法則以屬於玄學範圍，無庸討論。此處所須討論者僅爲整體主義與國家主義。

整體主義的學說旣認各方面社會文化如道德、法律、家庭、國家等均爲客觀精神之表現，非由個人以產生，亦非以維護個人利益爲目的。如是欲判斷此種學說正確與否，即須研究客觀精神之有無。赫格爾所謂的客觀精神卽現代法國社會學家杜堅(E.Durkheim)所謂的社會環境(Milieu Sociale)，與現代德國哲學家哈特曼(N. Hartmann)所謂的精神現象(Geistigesein)。所謂社會環境或精神現象，卽在某個時代、某個社會中，往往有一種社會風氣，或思想潮流。此種社會風氣或思想潮流不但可以超個人而自立，個人對其不能任意改變；而且對個人有一種極大的強制力——每個個人均於無形之間受其影響或支配。不但一般人如此，卽偉大人物亦不能例外：他們倘若能適應或利用此種社會風氣或思想潮流必可成功；否則不但失敗，而且要遭受最嚴厲之懲罰。舉其著者，如蘇格拉底之被判服毒，布于諾(Bruno)之被判燒死，笛卡兒，盧梭等之遭受放逐之類。因此足知客觀精神確實是有的。客觀精神既確實是有的，則整體主義的學說自為一種眞理。

國家主義的學說認國家不但為地面上最高的東西，而且自為目的。此種說法是否合於客觀事實？根據著者民族哲學大綱的研究，地面上最高的東西實為民族。民族既為地面上最高的東西，則國家自不能為地面上最高的東西。因最高只一，不能有二。同時根據民族哲學大綱的分析，足知國家實為民族安內攘外以表現其意志的工具。國家既為民族安內攘外以表現其意志的工具，則國家自不能自為目的。關於此點，赫格爾自已亦曾見到，所以他謂民族為國家的基礎。但赫格爾雖認民族為國家之基礎，却不認民族為國家之目的；反謂國家多於民族，卽國家於包括民族所有的聯繫，如血統、國土、語言等以外，尚有政治組織。實際上政治組織——尤其是眞正的政治組織或國家，是由共同血統、共同國土、共同語言等內在發展的結果，並非以外力加上去的。眞正政治組織既為共同血統、共同國土、共同語言等，或民族內在發展的結果，並非以外力加上去的；足知無所謂多於民族。如是國家既非地面上最高的東西，又非自為目的；所以國家主義歸於錯誤。

由此看起來，國家主義也和直覺主義一樣：一部份正確，一部份不正確。國家主義與直覺主義既各有一部份不正確，自不能認為正確的道德理論。而正確的道德理論自不能不另行樹立。是卽下節所謂的民族主義的道德理論。

本節參攷書：

1. 張東蓀：道德哲學，第六章，第三節；
2. 魯一士著，賀麟譯：黑格爾學述；
3. 郭本道：黑格爾；
4. H.A. Reyburn: The Ethicl Theory of Hegel;
5. J.M.Sterrett(Editor): The Ethics of Hegel;
6. G.S.Merris: Hegel's Philosophy of State and Histcry;
7. Hegel: Enzyklopaedie der Philosophischen Wissenschaften;
8. Hegel: Rechts-Philosophie

第三節　民族主義的道德理論

第一目　民族生存與自由應爲善惡判斷的最高準則

根據第一篇第二章研究，足知道德爲民族所產生，亦以實現民族幸福爲目的。道德的執行雖然不能不透過個人，但一般個人之執行道德，大多由於顧忌輿論制裁或法律懲罰；雖有爲道德而執行道德者，但爲數究少。道德既爲民族所產生，亦以實現民族幸福爲目的，則道德判斷自應以民族幸福爲標準。但什麽是民族幸福？歷來見解不同：有些人認國富兵強，即爲民族幸福；有些人認文化發展，即爲民族幸福；有些人認人民康樂，即爲民族幸福……。實際上國富兵強、文化發展、人民康樂等或不過爲實現民族幸福的手段，或不過爲民族幸福的表現，幷非民族幸福之本身。

什麽是民族幸福的本身？前面曾經講過，民族是一種有機體（Organism）。凡有機體生來均具有各種要求。低級有機體最主要的要求爲生存，高級有機體則於生存要求以外，尚具有自由要求。所謂生存要求即每種生物不但儘量設法使其本身的生存能夠繼續，而且儘量設法使其本身的生存能夠擴展。所謂自由要求即每種生物不但儘量設法使其本身能夠獨立或自主，而且儘量設法使其本身能夠支配或奴隸他人。民族爲高級有機體之一種，所以民族亦具有生存與自由的要求：因民族具有生存要求，而民族生存必須透過民族份子以表現，因此歷來向上的民族無不儘量設法以維持並增加其人口：如或降低結婚年齡，或鞏固家庭生活以提高生育率；或發達醫藥、道德與法律，維持內部治安，以減低死亡率之類。但民族份子生存的實現，必須利用各種物質資料，此種物質資料須藉土地供給，因此歷來向上的民族無不儘量設法以維持並擴張其國土。因民族具有自由要求，所以歷來向上的民族無不儘量設法戰勝其他隣族，並積極適應其自然環境。欲戰勝其他隣族，必須使本身有統一穩定的政治組織，與強大的武力；所以歷來向上的民族無不隨時改革其政治設施，隨時改進其軍事設備，使能適合環境需要；以達到戰勝或抵抗其他隣族，以實現其本身的獨立與自主。欲能積極適應或征服自然環境，必須一方面提高本身創造能力，另一方面發達各種文化，如物質文化(包括機械、交通、與經濟)，精神文化（包括學術與藝術）之類。因此歷來向上的民族無不儘量設法促進其先天優質，傳遞其後天優質（如教育），發展其器械、交通與經濟，以及促進學術與藝術，以期能實現其本身之自由。各方面文化既爲實現民族生存與自由的工具，所以生存與自由的實現即爲民族幸福。

生存與自由的實現既爲民族幸福，所以民族生存與自由的實現應爲善惡判斷的最高準則。根據此種最高準則，凡能促進民族生存的各種行爲均謂之善，如增加民族人口、擴展民族領土之類。反之，凡能減低民族生存的各種行爲均謂之惡，如減少民族人口、喪失民族領土之類。凡能促進民族自由的各種行爲均謂之善，如改進並鞏固政治組織、改進並充實民族武力、促進民族優生、發展民族教育、創造各種文化之類。反之，凡能妨礙民族自由的行爲則謂之惡，如紊亂政治組織、削弱民族武力、妨礙民族優生、破壞民族教育、停滯各種文化發展之類。

因凡能增加民族人口、擴展民族領土的行爲謂之善，所以歷來偉大的醫學家、慈善家、與征服異族的英雄無不受人景仰；因凡能減少民族人口、喪失民族領土的行爲謂之惡，所以歷來殘殺同胞的盜匪與賣國求榮的漢奸無不受人唾罵。因凡能促進民族自由的各種行爲謂之善，所以歷來偉大的政治家、軍事家、教育家、發明家、哲學家、科學家、詩人、文學家等無不「流芳百世」；因凡能妨礙民族自由實現的行爲均謂之惡，所以歷來流寇、軍閥、學閥、奸商等無不「遺臭萬年」！由此足見民族生存與自由的實現不但應爲，並且實爲善惡判斷的最高準則。

第二目　民族的生存與自由與個人的各種慾望大多一致

前面屢次講過，民族係一種有機體。凡有機體與其構成份子互爲手段與目的，絕對不可分離。因有機體與其構成份子絕對不可分離，所以民族生活於其民族份子，民族份子亦生活於其民族；好像人體生活於其細胞，細胞生活於其人體一樣。因民族生活於其份子，所以離開民族份子即無民族；例如民族份子完全消滅，其民族亦歸於滅亡；好像離開細胞，即無人體一樣。同時因民族份子生活於其民族，所以離開民族亦無民族份子；例如民族既被人消滅，決不能仍有某民族的個人；好像人體既死，決不能仍有活的細胞一樣。

因民族與其民族份子構成一種有機體，絕對不可分離，所以民族的幸福，或民族生存與自由的實現，與民族份子的幸福，或個人生存與自由的實現，不但不互相衝突，而且大多一致：舉其著者，如個人的生存慾望與異性慾望，與民族的生存要求相適合；所以個人生存慾望與異性慾望的滿足，即爲民族生存要求的實現。反過來講，倘使個人不努力保存其本身與努力繁殖其子女，其民族必自行消滅。同時，個人的支配慾望、服從慾望、求知慾望、求美慾望等與民族的自由要求相適合；所以個人支配慾望、服從慾望、求知慾望、求美慾望等的滿足，即爲民族自由要求的實現。反過來講，倘使個人無支配慾望，或不求個人光榮；無服從慾望，或不受民族領袖指導；無求知慾望，或不追求高深知識；無求美慾望，或不努力創造各種藝術如音樂、詩、文、繪畫等，則民族即不能有自由。

因個人的各種慾望與民族的生存與自由大多一致，所以歷來個人均於不知不覺之間直接實現其本身的生存與自由，間接以實現其民族的生存與自由：例如歷來政治家或爲維持個人特殊政治地位，努力改革政治制度，無形中即爲民族增加團結力；或爲擴充個人統治範圍，努力開闢疆域，無形中即爲民族擴充生存領土、資本家或為改善個人生存，或為擴充個人權力，努力累積資本；資本累積的結果，或使生產工具改善，或使生產組織擴大，以為民族增加生存資料或財富。各方面學者或為滿足其個人求知慾，或為增加其個人虛榮，以不斷追求真理，終身致力發明；其追求與發明的結果每每提高民族的精神自由。各種藝術家亦復如此：如音樂家歌其所不得不歌，以為民族創造一個音的世界；美術家畫其所不得不畫，刻其所不得不刻，以為民族創造一個形色世界；詩人、小說家寫其所不能不寫，為民族創造一個文字世界；使其能脫離自然環境的束縛，或實現其精神自由。此種民族利用個人各種慾望以實現其本身的自由與生存，可以名之為民族的狡點(List der Nation)。

不但在尋常狀態之下，個人的各種慾望與民族的生存與自由互相一致；即在非常狀態之下，亦係如此：如在對外戰爭時期，民族為維持其本身的生存與自由，不能不使其一部份民族份子死於戰場；個人為實現其民族的生存與自由，不能不自動犧牲本身的各種幸福，如生命、財產之類。表面上看起來，好像是民族幸福與個人幸福相衝突的。實際上並不然：就前一點來講，民族係一種有機體，好像一個人體。人體於健康之時雖然儘量增加血肉，以擴充其生存；但在重病之時，即不能不犧牲原有血肉或細胞的一部份，以抵抗細菌，以維持生命。只要生命能夠維持，其所喪失的一部份血肉或細胞，還有恢復的機會；否則生命終結，一切均成烏有。因此民族於非常時期犧牲其一部份份子的生存，係為着保護大部份份子的生存。就後一點來講，民族雖為共同血統、國土、文化、利害、心靈以形成的人羣，但其重要的基礎則為血統。因民族重要的基礎在於血統，所以只要民族血統能夠繼續存在，個人雖死等於不死：根據現代遺傳學研究，體細胞不過為性細胞的軀殼。性細胞則為一個民族所共有的各種遺傳體所構成，好像構成水的氫二氧一樣。長江大河的水，其點滴雖無數，但各含有氫二氧則一；一個民族的民族份子或個人雖甚多，其各具有某民族所共同的遺傳體則一。因無數點滴的水均含有氫二氧，所以一部份水雖為太陽所蒸發，只要其他的水仍然為水，其本身等於不蒸發，因存在水的氫二氧等於其本身的氫二氧。因甚多的民族份子均具有共同的遺傳體，所以只要其同胞或子女能繼續存在，其本身雖死等於不死，因存在份子的遺傳體，即為其本身的遺傳體。換句話講，即所死者僅為某個性細胞的軀殼，並非性細胞的本身。因爲這種關係，所以當某個民族生死存亡的關頭，每有不少個人自動爲其犧牲性命。這些自動爲民族犧牲性命的人，雖有少數出於理性；但大部份實由於本能衝動；好像身體有病，一部份紅血球自然變成白血球以圍剿細菌一樣。由此更足證明民族係一種有機體。進一步來講，每一個個人都是生於民族死於民族；爲民族而生，亦爲民族而死。因每個人都是爲民族而生，所以生其不得不生；因每個人都是爲民族而死，所以亦死其不得不死。因此爲民族戰死與爲民族老死，同是一個死，所不同者僅時間稍有先後而已。

不過世界上沒有完全的東西，民族亦不例外。因民族不是完全的東西，所以民族本身幸福與其大多數份子的幸福雖完全一致；但亦有極少數互相衝突的份子，此即普通所謂的民族罪人。民族罪人的名稱隨時、隨地各有不同。民族罪人的判決須依民族歷史。因民族歷史才是民族的眞正最高法庭。既然民族歷史才是民族的眞正最高法庭，所以某一個人，某一個時代的毀譽並不足爲判斷這個人眞正價值的根據，要看其在民族歷史上的功罪如何。例如秦始皇、漢武帝等在當時，甚至於後世，被咒爲自私黷武，但由民族歷史看起來，他們對於中華民族均有不少功績：如秦始皇廢封建、立郡縣，在中國政治制度上是個極大的貢獻；漢武帝北逐匈奴，西通西域，在中國版圖上是個極大的貢獻之類。但就民族歷史看起來，民族罪人確實亦有，如過去的暴君、奸臣、現代的漢奸、軍閥、政客、盜匪、貪官、汚吏、奸商、土豪、劣紳之類。不過民族罪人雖確實有，但爲數極少；否則其民族必久已消滅。科學法則——尤其是社會科學法則——是就一般講的，因此雖有少數民族罪人，却不能爲民族幸福與個人幸福不一致之證。

民族幸福既與個人的幸福互相適合或一致，所謂民族生存與自由的實現應爲善惡判斷的最高準則，亦即個人生存與自由的實現應爲善惡判斷的最高準則。茲依此最高準則討論道德生活或道德規律。是即下面的第三篇。

本節參攷書：

1. 汪少倫：民族哲學大綱；

2. Mcdougall: Ethics and Some Modern World Problems:

3. Fr,Paulsen: System der Ethik, Einleitung;

4. R. Worms; Philosophie des Sciences Sociales L,l.

第三篇　道德規律

第十章　道德規律之意義及其分類

第一節　道德規律之意義及其重要

第一目　道德規律之意義

所謂道德規律卽係根據上篇善惡判斷的最高準則，進一步分析，在日常生活中，何種行爲是有益於民族生存與自由，或善的行爲；何種行爲是有害於民族生存與自由，或惡的行爲。換句話講，所謂道德規律也就是依據善惡判斷的最高原則，將整個道德世界作一種詳細的描寫；或依據善惡判斷的最高原則，命令人人對己、對人應該如何如何！

前面曾經講過，民族生活於其份子，民族份子亦生活於其民族。因民族生活於其份子，所以民族幸福不但與民族份子的幸福完全一致，而且民族幸福必須透過民族份子以表現。因民族生活於其份子，本身幸福又須透過民族份子以表現；所以要有合乎道德或理想的民族，必須先有合乎道德或理想的民族份子或個人。因爲要有理想的民族，或合乎道德的民族，必須先有理想或合乎道德的民族份子，所以道德規律不能不確定怎樣才是一個理想的民族份子；或理想的民族份子對自己和他人應有些什麼行爲。就這方面說，道德規律有些近似人生哲學與普通所謂的修身。同時因民族份子生活於其民族，所以民族份子欲實現其本身幸福亦不能不實現其民族的幸福。因民族份子欲實現其本身幸福亦不能不實現其民族幸福，所以民族份子在民族各方面生活或各種文化中，均不能不有適當的行爲。就這方面說，道德規律有些近似文化哲學或社會哲學。合而言之，所謂道德規律就是理想的民族份子在理想的民族社會中，所應有各種適當或合乎道德標準的行爲。

因道德規律告訴人人，何種是合乎道德標準或善的行爲，何種是違反道德標準或惡的行爲；所以道德規律和國家法律的內容有些相似。因法律也是告訴我們何種是合乎法律或對的行爲；何種是違反法律或不對的行爲。不過道德規律的內容雖與法律有些相似，但其性質則不相同：其不相同的第一點，即道德是由民族社會創造出來的，法律則由國家製定出來的，或二者的起源不同。第二點即道德標準是最高的，法律標準是最低的。如叔本華所謂：「法律爲最低限度的道德」，或二者的標準不同。第三點即道德的制裁是輿論的，其執行是依照良心或自動的；法律的制裁是權力的，其執行是強制或被動的。第四點，道德規律是偏重積極方面的，國家法律是偏重消極方面的。

同時凡規律（Law）均含有一種必然性（Necessity），否則即不成爲規律。因規律均含有必然性，所以道德規律亦含有必然性：即依着牠做，一定爲善，可以得到輿論稱讚；背着牠做，一定爲惡，必受輿論責罰。因道德規律含有一種必然性，所以道德規律與自然規律（Natural Law）也有些相似。不過道德律與自然律雖有些相似，亦有多少不同：舉其著者，如自然律是人類在自然中找出來的，道德律則是人類創造出來的；違反自然律的自然制裁是盲目的，違反道德律的社會制裁是含有教育作用的。

道德規律告訴人，何者爲善的行爲，何者爲惡的行爲。行爲術（Casuistry），也是教人爲善的。不過行爲術雖也是教人爲善的，但與道德律不同。其不同地方，就是道德律但告訴人，什麽是善的行爲？而不告訴人，如何是善的行爲？例如道德律告訴人：智慧是善的，或合乎道德的。知識是有助於智慧的，所以您應尊重并追求知識，但不告訴人如何去取得知識。又如道德律告訴人：孝是一種道德，您應該孝！但不具體規定，如何爲孝？如昏定、晨省、飽食、暖衣之類。換句話說，即道德律僅告訴人各種行爲的原則，而不涉及各種行爲的具體方法。行爲術則不然，牠只告訴人各種行爲的具體方法，而不涉及原則。因此道德律與行爲術的關係，如同力學與工程學的關係一樣。力學告訴人，宇宙間各種力之轉變或相互關係，工程學則告訴人如何去蓋一個房子或建築一座橋梁。道德律所以然只告訴人各種行爲原則而不涉及各種行爲方法，主要的原因有兩點：第一點，行爲方法是要適應各種情境（Situation）的。各種情境隨各人所處的時間與空間而不相同，多至不能勝數；所以各種行爲的具體方法無從規定，亦不能規定。第二點，前面已經講過，道德判斷不僅須注意到結果而且須注意到動機；即必須動機善，然後才能眞正謂之善。行爲判斷，既必須注意到動機，所以各種具體行爲必須本人選擇決定；倘使加以具體規定則不但消滅本人創造機會，而且容易使人流於虛僞。中國禮記所以不能普遍并永久實行，主要的原因在此。

人類行爲既須適應各種情境，又須經過自動選擇，則倫理學只須確定善惡標準就夠了，何必還要討論道德規律？這是因爲有不能不討論的原因。茲另目論之於後。

第二目　道德規律之重要

上面已經講過，行爲是要適應情境的。情境隨時、隨地各不相同，所以各種行爲有相當特殊性。但道德判斷的最高原則是一般的，所以最高原則應用到各種情境時，需要一番演繹工作：例如欲證明救孺子入井是一種道德行爲，必須第一步確定孺子爲民族之一份子；第二步民族是生活於其份子的，所以孺子爲民族之一份子，亦即孺子爲民族之一部份表現；第三步個人生存係以實現民族生存與自由爲最高目的，所以我必須救孺子入井，以期對民族生存有所貢獻。此番演繹工作，需時甚久，而情境變遷極速，往往不予吾人以考慮的機會。如見孺子將入於井，必須馬上救。否則迨既入井，則已無法可救！因此於最高原則之下，必須確定各種較高原則，以期能適合各種比較特殊情境；好像軍事學於戰略、戰術之下，再製定各種操典與教範，使每個士兵，均能適應敵人的進攻或抵抗，而加以抵抗或攻擊之動作一樣。同時道德判斷最高原則是一般的，也是抽象的。因最高道德原則是抽象的，所以最高道德原則多非一般人所能瞭解，其著者，如康德的絕對命令。但倫理學是要指導一般人的行爲的，或使一般人均能由知善而爲善的；因此倫理學必須於確定最高原則以後，再依據此種最高原則確定各種較高原則，以期一般人均能瞭解，如救人是善，害人是惡之類。因道德最高原則或不便用，或不能普用，所以倫理學於確定道德最高標準以後，還需研究道德規律。

因道德規律異常重要，所以中國古代倫理學家，無分儒、道、墨、法，無不對道德理論與道德內容同樣並重；宋明理學家對於道德規律或修養方法尤其注重。歐洲古代倫理學家亦大多如此：舉其著者：如亞里士多德的尼可馬與倫理學大部份討論道德規律或道德內容，柏拉圖與斯多亞派亦多注意分析重要德目：如智慧、勇敢、節制、正義、忍耐之類。謝雩廬的義務論尤富於道德規律的性質。教父派（Patristics）與經院學派（Scholastics）的倫理學亦復如此。

至歐洲近代的倫理學則於無形中分爲兩派：一派繼承古代與中世紀的傳統習慣，將道德理論與道德內容同樣並重。此派倫理學有人稱爲物質倫理學（Materiale Ethik）。屬於這一派的倫理學家爲英國的邊沁（J. Bentham），德國的包爾生（F. Paulsen），哈特曼（N. Hartmann），美國的杜威（J. Dewey），丹麥的霍夫丁（Hoffding）等。另一派則只注重道德理論，對於道德規律常不加以討論。此派倫理學有人稱爲形式倫理學（Formal Ethik）。屬於這一派倫理學家爲猶太的斯賓洛沙，德國的康德，英國的格林，法國的辜贊等。

如上所論，倫理學欲達到其勸善規惡的目的，必須於確定最高原則以後，再確定各種較高原則，以期能夠適合各種特殊情境。因倫理學必須於確定最高原則以後，再確定各種較高原則，始能適合各種特殊情境；所以道德規律的研究，異常重要。因道德規律的研究，異常重要；所以形式倫理學派的見解，難免錯誤。因形式倫理學派的見解，難免錯誤；所以本書對於道德規律與道德理論同樣注重。但在研究道德規律本身以前，須先研究道德規律的分類。茲另節討論之於後。

本節參考書：

1. E. S. Brightman: Moral Laws, ch. II;
2. H. Rashdall: The Theory of Good and Evil, B. III. ch. V;
3. W. Wundt: Ethics. vol. III, ch. IV.

第二節　道德規律分類

第一目　過去道德規律分類的檢討

關於道德規律分類，中西多不一致，就中國講，歷來道德規律分類，復有道、法、儒家之各異：道家注意到道德規律分類的當推老子。老子認爲最頂要的道德規律有三，即：「我有三寶，持而保之；一曰慈，二曰儉，三曰不敢爲天下先　慈故能勇，儉故能廣，不敢爲天下先故能成器長」。慈故能勇，慈是愛的意思，即愛可以戰勝一切。儉故能廣，廣是有餘的意思，即精神或物質，倘使設法少用，决不致有缺乏之患。不敢爲天下先，即謙讓的意思。人能謙讓不但可免他人之忌，而且可得他人之擁護，以成爲長上。由此可知老子的道德規律大多偏於消極或和平方面的。

法家注意到道德規律分類的當推管子。管子認最主要的道德規律有四：即禮、義、廉、恥。他所謂的禮、義、廉、恥與儒家的意義略有不同，他自己曾有解釋：「禮不踰節，義不自進，廉不蔽惡，恥不從枉。」這四種道德規律是維持社會共同生活，或使國家太平的根本辦法。倘使這四種規律能實行，則國家必然太平。所以他說：「不踰節則上位安，不自進則民不詐，不蔽惡則行自全，不從枉則邪事不生。」否則不但不能太平，而且還要被人滅亡　所以他說：「禮、義、廉、恥，國之四維；四維不張，國乃滅亡。」管子認禮、義、廉、恥是治國的一種基本工具，但其性質都是消極的。所以道、法兩家道德規律的性質有些相同。

儒家首先注意到道德規律分類的當推孔子。孔子無形中認道德規律可以分爲兩方面：即一方面爲一般人對一般人所必需的，或其所謂的達德。達德有三個：即智、仁、勇。所以他說：「智、仁、勇三者，天下之達德也」。另一方面爲某種人對某種人所應有的，或其所謂的人倫。孔子認人倫有兩種：即君臣、父子。君臣之間應有的道德爲禮與忠。所以他說：「君使臣以禮，臣事君以忠。」至父子之間應有的道德則爲慈與孝。孟子繼承孔子的學說，亦認道德規律可以分爲一般與特殊兩種。不過其一般道德規律的內容與孔子的略有不同。孟子認一般道德規律有四個：即仁、義、禮、智。至其特殊道德規律與孔子完全相同，即亦爲君臣與父子。至荀子雖亦爲儒家，其道德規律分類與孔、孟完全不同。他認爲道德規律最主要的就是禮。所謂禮，就是「上祀天，下祀地，尊先祖，而隆君師。」同時孔・孟認道德是相互的，即孔子所謂的君君、臣臣、父父、子子，孟子所謂的君不君、臣不臣、父不父、子不子。荀子認道德是片面的，卽下對上必須要有道德，上對下可以不守道德。因此在專制社會中，演變爲「天、地、君、親、師。」漢朝董仲舒的道德規律分類則以孟子爲宗。但一般道德規律，於仁、義、禮、智外，再加上一個信字，成爲五常。常者不變也。意謂仁、義、禮、智、信五者爲任何時候、任何地方、任何人所必須履行的道德。至特殊道德則由兩倫增爲五倫：卽於君臣、父子之外，再加上夫婦、兄弟、朋友。唐朝韓愈認一般道德規律有四個：卽仁、義、道、德。所以他在原道中說：「博愛之謂仁，行而宜之之謂義，由是而之焉之謂道，足乎己無待於外之謂德。」至其所謂的特殊的道德規律與董仲舒的相同，但加上賓主一倫，成爲六倫。宋朝以後，各家道德規律分類多以五常、五倫爲主。五常五倫雖亦有消極的道德規律，其著者如義，但大部份則爲積極的，如仁、禮、智與君君、臣臣、父父、子子之類。因此儒家道德規律的性質與道、法兩家的多所不同。

孫中山先生綜合儒、道兩家道德規律，提出忠、孝、仁、愛、信、義、和、平八德。前六德完全是儒家的，後二德可以說是道家的。最近 蔣主席又於八德之外，加上法家的禮、義、廉、恥，成爲十二個德目。由這十二個德目演成黨員與青年守則，卽：「忠勇爲愛國之本、孝順爲齊家之本、仁愛爲接物之本、信義爲立業之本、和平爲處世之本、禮節爲治事之本、服從爲負責之本、勤儉爲服務之本、整潔爲強身之本、助人爲快樂之本、學問爲濟世之本、有恆爲成功之本。」這是中國歷來的道德規律分類。

道、法兩家關於道德規律的分類偏重於消極方面的德目，儒家關於道德規律的分類偏重於積極方面。雖所偏不同，而偏頗則一。所以道、法、儒三家關於道德規律的分類均不能爲現代研究道德規律的依據。黨員守則將儒、道、法三家道德規律作一個大的綜合，對於實際應用或生活指導，確有極大裨益。但研究須側重分析或條理，而青年守則將基本道德規律與特殊道德規律混而爲一，對於研究諸多不便。因此中國現代道德規律分類，亦不足爲研究道德規律之根據。

歐洲首先從事道德規律分類的爲柏拉圖。柏拉圖認爲最主要的道德規律爲智慧(Wisdom)、節制(Temperance)、正義(Justice)與勇敢(Courage)。亞里士多德於柏拉圖的四主德外，再加上恐懼(Fear)、大方(Liberality)、豪爽(Magnificence)、自尊(High-Mindedness)溫和、(Gentleness)、友愛(Friendliness)、誠實(Truthfulness)、機智(Wittness)，公平(Equality)、謹慎(Prudence)、友誼或愛(Friendship or Love)、快樂(Pleasure)等。爾後希臘的道德規律分類大多以柏、亞二氏為準則。謝塞儒(Cicero) 於其所著義務論中所列舉的道德規律多以柏、亞二氏為範圍，惟加此新的解釋：尤其是於消極的正義以外，再加上一種積極的仁愛(Beneficence)；將偏重戰爭的勇敢改為兼顧事業方面的堅忍(Fortitude)。由此足知歐洲古代道德規律分類大多偏於積極性質。

耶穌基督與整個中世紀的道德規律分類大多與歐洲古代相反，即偏於消極性質：如耶穌基督認主要的道德規律為信仰(Belief)、仁愛 (Love)、服從 (Obedience)、忍耐 (Patience)、謙遜(Humility)、貞潔(Purity)等。奧古斯丁認主要的道德規律為博愛(Love)、信仰與希望(Hope)等　托馬斯亞基拉斯雖將柏拉圖的四主德與奧古斯丁的三主德加以綜合，謂道德規律有兩類：即自然德行與超自然德行，但他認為超自然德行高於自然德行。

歐洲近代倫理學家關於道德規律的分類雖有一部份綜合上述二者，但大多數則傾向於歐洲古代的分類：舉其著者，如德國的包爾生(Paulsen) 分全部道德行為為德行及義務與社會生活形式兩大類：德行及義務復分為兩方面：即對自己的義務與私德，包括心靈生活（自制、勇敢、智慧），肉體生活（衣、食、住），精神生活（學術與藝術），名譽等。對人的義務與公德，包括同情與善意、正義、仁愛、誠實等。社會生活方式則分為家庭、社交與友誼、經濟生活與社會、國家等四方面。哈特曼分全部道德價值為五類：第一類為內容決定的基本價值，包括生命價值、活動價值、忍耐價值、能力價值、情境價值、權力價值、幸運價值等。第二類為道德的基本價值、包括善、貴•充實、純潔等。第三類為道德的特殊價值第一組，包括希臘四主德，如正義、智慧、勇敢、節制等。第四類為道德的特殊價值第二組，包括基督教的諸德目，如愛憐、誠實、忠實、信仰、謙遜等。第五類為道德的特殊價值第三組，如愛遠、人格、愛情等。丹麥霍夫丁將全部道德分為兩大類：即個人道德與社會道德。個人道德，包括自保與犧牲；社會道德包括家庭，自由文化社會，如物質文化、理想文化、慈善文化等與國家。英國馬肯聚分全部道德行爲爲義務與德行兩大類：前者包括尊重生命、尊重自由、尊重性格、尊重財產、尊重秩序、尊重眞理、尊重進步等；後者包括勇敢、忠實、節制、謹愼、正直、友愛、虔敬、智慧等。美國杜威與托夫斯分全部道德行爲爲德行與道德實踐兩方面：前者包括希臘四主德，如節制、勇敢、正義、智慧等；後者包括政治、經濟與家庭。

歐洲古代和中世紀關於道德規律的分類和中國儒、道、法三家一樣各有所偏，所以均不能爲研究道德規律的根據。至近代各家的分類雖多能加以綜合，但均缺乏一個正確分類原則，甚至於有無分類原則者。因此這些人的分法亦不合用。過去中、西各家的道德規律分的均不合用，所以現代應有的道德規律分類，不能不重新擬訂。茲另目論之於後。

第二目　現代應有的道德規律分類

根據上目敍述，足見過去道德規律分類雖多，但均不十分正確。過去道德規律分類均不正確，即因道德是由意志發生出來的，而意志是盲目的，所以道德世界爲一種無理性的世界。道德世界既是一種無理性的世界，而欲使其變爲有理性，或化爲一個系統，自不容易。

道德規律分類，或使道德世界系統化，雖不容易；但爲研究便利起見，非有不可。否則萬象紛呈，使無方法入手。欲將道德規律分類，不能不先確立一個分類原則或標準。有了分類原則或標準以後，始能將各方面道德規律，分別歸類，使其成爲一個系統；好像張網提綱，挈衣挈領一樣。欲確定道德規律分類原則，不能不依據道德起源與目的。因道德起源與目的，無形中即爲道德世界之綱領　根據前面研究，道德起源於民族社會；其目的則爲實現民族的生存與自由。因道德規律的目的爲實現民族的生存與自由，所以民族生存與自由的實現，應爲道德規律分類的最高原則。

根據這個最高原則，所有道德規律可分爲兩方面：即一爲實現自我生存與自由以實現民族生存與自由的道德規律；一為實現民族生存與自由以實現自我生存與自由的道德規律。所謂實現自我以實現民族生存與自由的道德規律，即普通所謂的個人道德或私德。實際上，道德都是由民族產生出來的，亦以實現民族為目的。道德既為民族所產生，亦以實現民族為目的，所以道德均為民族的，不能有個人與社會，或私與公之分。前面屢次講過，民族生活於其份子。因民族生活於其份子，所以民族份子均為民族本身一部份的表現。因民族份子均為民族本身一部份的表現，所以欲實現民族的生存與自由，必先實現民族份子的生存與自由、換句話講，欲有理想的民族，不能不先有理想的民族份子。欲使民族份子生存與自由能夠實現，或使民族份子能成為理想的民族份子，必須注意於兩方面道德修養，或實現兩方面道德規律：一為基本道德修養或基本道德規律，一為特殊道德修養或特殊道德規律。前者為任何民族份子或個人，不分性別男女、年齡老幼、資質高低、學識深淺、職業種類、地位高下、財產有無等，均應一體履行。屬於這一方面的道德規律復可分為兩組：一為身體方面的基本道德修養或道德規律，其著者如保存身體與鍛鍊身體；一為心靈方面的基本道德修養或道德規律，其著者如發展理性，指導感情與鍛養意志。後者為民族份子或個人，隨其本身的性別、年齡、資質、知識、職業、地位等的不同而為不同的實現。屬於這一方面道德規律亦可分為兩組：一為創造的道德規律，一為享受的道德規律。

所謂實現民族生存與自由以實現自我生存與自由的道德規律，即普通所謂的社會道德或公德。上面已經講過，所有道德規律都是民族產生出來的，亦以實現民族為目的。所有道德既均為民族所產生，亦以實現民族為目的、所以道德都是社會道德或公德；並非於社會道德或公德以外，另有他種道德，如私德或個人道德。實現民族生存與自由以實現民族份子生存與自由的道德規律，與第一類道德規律的性質多不相同、其不同的地方即第一類道德規律係由個人以到民族，第二類道德規律則由民族以到民族份子。道德規律所以有由民族本身到民族份子這一類、即因如前所論，民族份子亦生活於其民族，民族亦生活於其民族。因民族份子生活於其民族，所以要實現個人的生存與自由，必先實現民族的生存與自由。換句話講，即必須於理想的社會中，個人始能實現其理想的生活。欲使社會能成爲理想的社會，必須一方面使所有代表民族的份子均能實現其生存與自由、欲使代表民族的份子均能實現其生存與自由，則民族份子與民族份子之間不能不具備各種道德修養，或實現各種道德規律、關於這一方面的道德規律復可分爲對同胞身體方面與對同胞心靈方面的兩組。這兩組道德規律均爲每個民族份子對其他任何民族份子，即不論其性別男女、年齡長幼、智愚高低、知識深淺、職業性質、地位高下等均應有之行爲，所以稱爲實現民族以實現自我的基本道德規律。欲使社會能成爲理想的社會必須另一方面使所有表現民族意志的組織，均能合乎道德；同時在這些組織中，每個民族份子均能採取適當行爲。表現民族意志的組織，最重要者爲家庭、學校、社會、國家、經濟、學術、藝術等。因此這一方面的道德規律亦可分爲家庭、學校、社會、國家、經濟、學術、藝術等。但在這些組織中，各個民族份子所應有的行爲須適合其在這些組織中所佔取的地位，所以這一方面的道德規律可稱爲實現民族生存與自由以實現自我生存與自由的特殊道德規律。玆依此分類，逐一加以研究，並先研究實現自我生存與自由以實現民族生存與自由的基本道德規律。

本節參考書：

1. 遠藤隆吉：東洋倫理學，第二編，第一章，第五節；
2. E. S. Brightman: Moral Laws, ch. Ⅳ;
3. W. Wundt: Ethics, Vol. Ⅲ. ch. Ⅳ;
4. R. B. Perry: The Moral Economy, ch. Ⅲ;
5. Mackenzie: A Manual of Ethics;
6. J. Dewey And Tufts: Ethics, P. Ⅱ, Ch. Ⅹ, Ⅹ, P. Ⅲ;
7. Hoffding: Ethik;
8. Paulseu: System der Ethik;
9. N. Hartmann: Ethik。

第十一章　實現自我生存與自由以實現民族生存與自由的基本道德規律

第一節　關於身體方面的基本道德規律

第一目　身體之意義及其重要

根據上章分析，道德規律，或道德世界，可以分爲兩方面：即一爲實現自我生存與自由，以實現民族生存與自由的道德規律。但因民族生活於其份子，無形中民族份子爲民族構成的基礎，所以分析道德規律，應由實現自我生存與自由，以實現民族生存與自由的道德規律着手。關於自我生存與自由的實現，復可分爲身體與心靈兩方面，但身體爲心靈之所寄託，所以分析實現自我生存與自由以實現民族生存與自由的道德規律，又當先分析關於身體方面的道德規律。

關於身體的由來，現代遺傳學已有極詳細的研究：即由父母性細胞結合而成一個原始細胞。這個原始細胞循幾何學的級數而發展：一變爲二，二變爲四，四變爲八，八變爲十六，十六變爲三十二……。變到相當程度以後，細胞與細胞之間互相分工：或變爲骨骼、或變爲肌肉、或變爲血液、或變爲內臟、或變爲神經、……，而身體以成。由此足知身體直接地由來，即爲父母的性細胞。但父母的性細胞，如前所論，爲民族血統的演變；因此身體的間接由來，即爲民族血統演變的結果。因身體由來爲民族血統演變的結果，所以身體即爲民族本身生存具體化。因身體爲民族本身生存的具體化，所以每個身體，無不具有其民族固有的身體特徵：如中國人生來即具有中國人的身體特徵，德國人生來即具有德國人的身體特徵之類。

前面曾經講過，生存爲自由的基礎。身體既爲民族生存的具體化，身體亦爲實現民族自由的前提：例如民族對他族的自由必須利用武力以維護，而人力實爲武力的基礎；民族對自然的自由必須由勞心或勞力以取得，而心力與體力均離不開身體。因此身體爲實現民族自由的工具，亦可謂爲實現民族自由的資本。如是某個民族所擁有的人口愈多，其自由實現的可能性亦愈大；好像企業家的資本愈雄厚，其企業亦愈易發展一樣。

因身體爲民族生存的具體化，爲民族自由的基礎；所以某個民族所擁有的身體或人口愈多，其生存的範圍亦愈廣，其自由實現的可能亦愈大。反過來講，某個民族所擁有的身體或人口日少，其生存範圍亦日蹙，其自由實現的可能亦日小。因此身體對於民族生存與自由的實現，異常重要。

身體雖爲民族血統演變的結果，或爲民族生存的具體化；但演變成熟或具體化了以後，即成爲一個感覺中心。這個感覺中心，即普通所謂的自我(Self)。自我雖爲感覺，或屬於心理性質；但據現代心理學研究，身心爲絕對不可分離的一體；因此自我感覺必以身體爲基礎。自我感覺必以身體爲基礎，所以身體不但爲民族生存的具體化，亦且爲自我生存的具體化；不但爲民族自由的基礎，亦且爲自我自由的基礎。身體爲民族生存的具體化，亦爲自我生存的具體化；爲民族自由的基礎，亦爲自我自由的基礎。由此更足證明：民族確實生活於其份子，民族份子確實生活於其民族。因身體爲個人生存的具體化，亦爲個人自由的基礎；所以個人，實現其生存，固須保存身體；爲實現其自由，更須鍛鍊身體。因此身體對於個人生存與自由的實現，亦異常重要。

身體對民族以及對個人生存與自由的實現均異常重要，所以每個人對於身體不能不有一種適當的行爲，或應遵守的道德規律。此種適當的行爲，或應守的道德規律，可以分爲兩方面：即一爲消極方面的，應保存身體；一爲積極方面的，應鍛鍊身體。茲先討論前者。

第二目　應儘量保存身體

如上所論，身體爲民族與個人生存的具體化，爲民族與個人自由的基礎；所以身體對於民族與個人均異常重要。身體對於民族與個人均異常重要，所以除非爲維護民族生存與自由，不得不犧牲以外；應儘量加以保存，使能得到適當的發展，使其能發生適當的作用，使其能達到自然的歸宿。欲使身體能夠得到適當的發展，發生適當的作用，達到自然的歸宿，非有適當的營養，以實現細胞的新陳代謝，非有適當的衣食住，以維持適當的體溫不可。所以適當的衣、食、住爲保存身體所必需，亦爲合乎道德的行爲。

適當的衣、食、住既爲保存身體所必需，爲合乎道德的行爲；所以過分，或有害身體健康的刻苦固爲不道德；而過分，或超過身體需要的奢侈，尤爲不道德。因過分刻苦雖足傷害身體，所傷害者僅屬個人本身；而過分奢侈，則不但傷害本身身體，如胃病、體弱等；而且濫費民族物資，足以妨礙他人之適當衣、食、住。

身體既爲民族生存的具體化，爲民族血統演變的結果；無異於身體髮膚受之民族。身體髮膚既受之民族，自然不可毀傷。如或加以毀傷或戕害，無異於毀傷或戕害民族本身，即成爲極大罪惡。戕害身體的罪惡甚多，其主要者當推酗酒、嫖賭、抽鴉片、打嗎啡、吞紅丸、吸白麵等。

身體髮膚既受之民族不可毀傷，則消滅身體，或自殺，更爲罪惡或不道德。不過自殺的原因甚多，就其原因的不同，自殺可以分爲兩大類：一爲無意識的自殺，一爲有意識的自殺。無意識的自殺，大多由於精神病，喪失選擇能力，以致誤滅本身。無意識的自殺既非自由選擇的結果，自不能加以道德的評判。所以這一類的自殺是非道德的。有意識的自殺，就其動機的不同，復可分爲兩類：一爲以民族爲動機的自殺，一爲以個人爲動機的自殺：前者如外交人員或軍事長官淪陷敵手，爲避免被敵人盤詰，洩露秘密起見，實行自殺。此種犧牲民族一部份生存以實現其整體生存的自殺，不但不是罪惡，而且是一種極大的道德，此即古人所謂的：「殺身成仁」。後者如個人，或爲財產損失、或爲愛情挫折、或爲事業失敗、或爲遭受冤曲等，爲避免痛苦或報復，以實行的自殺。此種自殺無異於犧牲民族，以達到個人目的，不但不合乎道德，而且爲極大的罪惡。因爲此種自殺是一種極大的罪惡，所以古代希臘與中世紀教堂均不許自殺者享有墓碑的權利。同時此種自殺不但爲一種極大的罪惡，而且爲一種不必要的罪惡：因自殺，雖表面上看起來，多爲怯懦的結果；實際上則多爲勇敢的結果。前面曾經講過，生存爲民族極大的要求，亦爲個人最強烈的本能，因此一般人大多貪生畏死，而「千古艱難爲一死」，亦成爲公認原則。因一般人大多貪生畏死，所以死的決心是一個最大的決心，自殺的舉動也是一種勇敢的行爲。死的決心既是一個最大的決心，自殺舉動既是一種勇敢的行爲；則拿死的決心和自殺的勇敢，向前奮鬥，何種損失不能挽回？何種愛情不能博得？何種事業不能成功？何種冤曲不能伸雪？

以個人爲動機的自殺既爲極大幷不必要的罪惡，所以此類自殺爲歷來大多數道德學家所不允許或同情。但過去亦有少數學者對於此類自殺，加以允許或同情，其著者，如希臘的斯多亞派、愛爾苦兒派、法國的孟德斯鳩、英國的密爾等。這些人所以允許並同情以個人爲動機的自殺，係因他們認個人身體乃個人所自有。個人身體既爲個人所自有，則個人自然可以自由處理個人身體。個人既可自由處理，則個人自殺，他人自不能加以干涉或批評。但實際上，如上目所論，個人身體爲民族所給予，亦爲民族本身的具體化，並非爲個人所自有。因此這些人允許個人自殺的學說均歸錯誤。

但保存身體多屬於消極的。因保存身體多屬於消極的，所以對保存身體無論如何努力，仍不能充分實現民族的生存。因此在消極的保存身體以外，不能不有積極的鍛鍊身體。茲另目加以分析。

第三目　應儘量鍛鍊身體

如上所論，身體爲民族與個人生存的具體化，爲民族與個人自由的基礎。因身體爲民族與個人生存的具體化，所以爲實現民族與個人的生存，不能不儘量保存身體。同時因身體爲民族與個人自由的基礎，所以爲實現民族與個人的自由，不能不儘量鍛鍊身體：以使其各部份能夠得到充分發展，以使其各部份能夠充分發揮作用，以使其自然歸宿能夠儘量延遲。

欲使身體各部份能夠得到充分發展和發揮作用，必須一方面予以適當的活動與休息，另一方面使其儘量接近自然與適合自然。活動對於身體各部份的發展異常重要。活動對於身體各部份的發展所以然異常重要，因有生物與無生物不同：無生物的各部份愈用愈消失，如刀愈用愈薄，石愈磨愈削；有生物的各部份愈用則愈發達，如鐵匠的臂粗，車夫的腿壯。因有生物的各部份愈用愈發達，所以身體各部份均須加以適當的活動。活動因目的不同，可以分爲兩大類：一爲強制的活動或普通所謂的勞働，一爲自由的活動，或普通所謂的遊戲。前者爲達到某種目的，或完成某種工作而活動；後者爲活動而活動。這兩類活動的性質雖然不同，但鍛鍊筋骨與肌肉之作用則一。所以每個人爲增進其身體健康計必需有適當勞働或遊戲。否則身體各部份必由鬆懈變爲軟弱，由軟弱變爲萎縮。

活動對於身體各部份發展雖異常重要，但不能不有一定的限度。超過一定限度以後，對於身體不但無益而且有害。因過度活動對於身體不但無益，而且有害，所以在活動以外，不能不有休息。休息與活動相反：活動係使筋肉儘量緊張，休息係使筋肉儘量鬆懈。休息與活動的性質雖然不同，但有助於身體健康則一。休息所以然有助於身體健康，因據現代心理學家研究，活動—尤其是過度的活動，一方面製造疲勞毒素，另一方面消耗筋肉本質。此種疲勞毒素，必須休息始能消滅；此種筋肉消耗必須休息始能補充。因此於適當活動以後，必須加以適當休息。

上面曾經講過，身體為民族所給予。但民族為自然所形成，所以身體為民族所給予，亦為自然的產物。因身體為自然的產物，所以身體生活愈接近自然愈好。尤其是新鮮空氣與溫和陽光為身體健康所必需，只有自然界才能給予。法國盧梭與俄國托爾斯太反對一切文化，主張完全回到自然，雖有些過火，但過度文化有礙身體健康則為不可否認的事實。城裏人不及鄉下人強健，即可為證。

身體既為自然的產物，其生活不但應接近外的自然，而且應儘量適應內的自然。所謂適應內的自然，即身體各方面生活，如飲食、衣着、活動、休息等均應適合身體本性，不必加以做作或牽強。前面曾經講過，宇宙萬象分為兩世個界：一為因果世界，一為目的世界。身體係屬於目的世界的，所以身體各方面生活自然依照其最高目的—生存以進行：餓了自然需要吃，多吃自然覺得脹；衣少自然覺得冷，衣多自然覺得熱；活動多了自然感覺疲乏；活動少了自然感覺無聊，……。因此身體生活應儘量適合本性。但適合本性并不是任性所為，完全反對規律。身體自然依照其最高目的以進行，所以身體生活自然有一個規律：如飢思食、寒思衣、靜極思動、動極思靜之類，所以身體本身有其自然規律。人為規律必須與此種自然規律相適合。切不可把身體當作機器一樣：機器一天要加多少煤，我們也吃幾碗飯；機器一天要上多少水，我們也喝多少茶；機器一天要工作幾小時，我們也活動幾小時，……！

倘使一個身體在消極方面不加以任何戕害；在積極方面有合度的衣、食、住，有適當的活動與休息，能接近自然并適合本性；則這個身體一定可成為健全身體。但現代心理學家告訴我們，身體與心靈是不可分離的一體。因身、心為不可分離的一體，所以要實現身體健康，仍不能不求心靈的健康。茲另節論之於後。

本節參考書：

1. 汪少倫：中國之路，第一章，第二節，第二目；
2. 羅家倫：新人生觀，四、五；
3. H. Driesch: Ethical Principles, II, 2, A;
4. J. Gurnhill: The Morals of Suicide, 2 vols;
5. E. Morselli: Suicide, An Eassy in Moral Statistics;
6. S. A.K. Strahan: Suicide and Insanity;
7. Fr. Paulsen: System der Ethik, II Bd. III. B. III. K;
8. H. Hoffding: Ethik. X, XI;
9. A. Fouillee: Les Elements Sociologiques de la morale, L. I;
10 A. Bayet: Le suicide et la morale.

第二節　關於心靈方面的基本道德規律

第一目　心靈之意義及其重要

所謂心靈卽由大腦、或神經系統、所發生出來的各種作用或過程，如思維、感情、慾望之類。神經系統蔓延於身體各部份——甚至每一個細胞，所以神經系統不但為身體最重要的一部份，而且為整個人的一方面——精神方面。因神經系統或心靈，為整個人的一方面，所以心靈與肉體具有不可分離的關係。心靈離開肉體則失去着落，無由存在；肉體離開心靈，則降為無知覺的物質，毫無作用。因心靈離開肉體則失其存在，肉體離開心靈則毫無作用；所以心靈與肉體構成一個整體：心為身的表現，身為心的表現。心既為身的表現，身又為心的表現，所以不但笛卡兒（Descartes）身心二元學說完全錯誤，卽斯賓洛沙（Spinoza）身心平行學說亦不正確。

因身爲心的表現，所以由一個人身體活動，可以推測其心理作用：如見人笑而知其心樂，見人哭而知其心哀；由一個人的儀表亦可看出其特殊性格：如見眼靈而知其聰敏，見眼鈍而知其愚蠢……。同時因心爲身的表現，所以由一個人的心靈活動，亦可推測其身體：如由筆跡可判斷爲男女，由作文可推知其年齡……。而不同的心靈活動－如喜、怒、哀、樂等，每可由影響內分泌以影響各部份身體健康或發育。

心靈與肉體構成一個整體，絕對不可分離。肉體，如上節所分析，爲民族所給予，因此心靈亦爲民族所給予。神經系統的構造與物質，雖與其他各部份身體有所不同，但亦爲原始細胞發展之結果。神經系統既爲原始細胞發展之結果，更可證明，心靈確係民族所給予。如前節所論，身體既爲民族生存的具體化，則心靈可謂爲民族自由的具體化。因心靈爲民族自由的具體化，所以心靈活動與肉體活動不同：肉體活動完全受制於空間、時間，而心靈活動則可超脫時間、空間。因心靈活動可以超脫空間，所以心靈本身範圍雖小，可由想像以包括整個宇宙，可由推理以瞭解整個宇宙，……。同時因心靈活動可以超脫時間，所以心靈本身過程雖短，但可由情感幻想無始的過去，由理性夢想無終的將來。換句話講，即心靈可以脫離物質限制，而自由活動，或表現自由。同時心靈不但爲民族自由的具體化，而且爲民族實現對自然環境自由與對其他民族自由的基礎：如欲實現對自然環境的自由，必須一方面由瞭解自然以改造自然，另一方面改造并創造自然。瞭解自然的結果，即爲學術；改造自然的結果，即爲交通與經濟；創造自然的結果，即爲各種藝術，如文學、繪畫、彫刻、音樂之類。瞭解宇宙需要理智，改造宇宙需要意志，創造宇宙需要感情。如是理智愈發達，意志愈堅強，感情愈豐富，則各方面物的文化愈發達。各方面物的文化愈發達，受自然的限制亦愈少。換句話講，即對自然環境的自由亦愈高。欲實現對其他民族的自由必須有強大的武力。武力包括組織、兵器與意識。軍事組織須由理智以策劃，各種武器須由理智以改進，戰鬥意識須由意志以實現。因此一個民族理智愈高，意志愈堅強，則對其他民族的自由亦愈易實現。

心靈爲民族自由的具體化，爲實現對自然環境與其他民族自由的基礎。前面曾經講過，自由爲生存的目的

，理想的生存必爲能自由表現其意志的生存。其不能自由表現其意志的生存，或奴隸式的生存，雖生存對其本身亦無價值。所以歷來民族雖努力求本身的生存，尤努力實現其本身的自由。一部世界史，即爲各民族努力實現其自由的記錄。因此心靈對於民族亦異常重要。

但如前所論，民族生活於其份子。因民族生活於其份子，所謂心靈爲民族自由的具體化，亦爲每個民族份子或個人自由的具體化；所謂心靈爲民族實現對自然環境與其他民族自由的基礎，亦爲每個民族份子或個人實現對自然環境與其他異族自由的基礎。因心靈爲個人自由的具體化，所謂心合宇宙，乃爲個人的心合宇宙；所謂心通古今，亦爲個人的心通古今。至於民族心靈實際上並不存在。因心靈爲個人實現其對自然環境與其他異族自由的基礎，所以個人的成就與其身長、體重雖無甚關係，但與其智力、毅力則多成正比例，觀智商與成商的關係，即可知道。因心靈亦爲個人自由的具體化與對環境自由的基礎，所以心靈對於個人亦異常重要。

因心靈對民族及個人均異常重要，所以在心靈生活方面不能不遵守各種道德規律。心靈生活普通分爲理智、感情與慾望或意志，所以關於心靈生活的道德規律亦可分爲三面：即應發展理性、應指導感情、應調發意志。茲分別論之於後。

第二目　應發展理性

人類與禽獸最主要的分野：即在肉體方面，人類有手，而禽獸沒有；在心靈方面，人類有理性，而禽獸沒有。因人類有手，手是一切創造的工具。因人類有理性，理性可以由已知推未知，由已往知將來。由已知推未知，由已往知將來，可以看出萬物之本質與事變之必然性。瞭解萬物之本質與事變之必然性以後，即可加以控制或利用。如是由理性給予兩手以工作之方向與方法。此種工作的結果，即普通所謂的文化。由物質文化，如交通、經濟等以改善人類生存，由精神文化，如學術、藝術等以提高人類自由。所以理性不但爲人類特有的珍品，亦且爲人類重要的武器。

因理性爲人類特有的珍品，爲人類重要的武器；所以人類無論爲發揮其特質計，爲實現其生存與自由計，均不能不儘量發展理性。由理性的發展以產生智慧(Wisdom)。由智慧的運用可以自知、可以知人、可以知事、可以知物：所謂自知即自己知道自己。所謂自己知道自己，即自己知道自己的缺點和優點。知道自己的缺點以後，才能設法改善或避免；於以減少錯誤或失敗的機會。知道自己的優點以後，才能盡量發揮所長，以直接實現本身的生存與自由，間接實現民族的生存與自由。倘使一個人不能自知：或妄自尊大，或自暴自棄；則不是自誤誤國，便是犧牲自己，貽害民族。所謂知人，就是知道他人的優點和缺點。知道他人的缺點，然後才能加以預防，不為其所誤或所害。知道他人的優點，然後才能用其所長以補本身之不足。倘使一個人不能知人，則或過信、或過疑。過信易為人所誤或所害，過疑不能得到他人的合作，均屬有害而無益。所謂知事，就是知道事變的必然性，或前面所謂的因果法則。知道事變之必然性或因果法則以後，才能有正確努力的方向，或正確的主張。有正確努力方向，或正確主張以後，才能得到成功　否則或盲從謬說，或亂作主張，則不是斷送本身前途，便是斲喪民族元氣，均應儘量避免。所謂知物，就是知道萬物之本質或性質。知道萬物之本質或性質以後，才能依照物性加以利用。莊子所謂庖丁解牛數年，而刀不傷者，即在其善於利用物性。否則胡幹、蠻幹，則不但不能得到預期的結果，而且徒耗民族物力。因此必須有圓滿智慧，或能自知、知人、知事、知物，然後始能直接實現本身的生存與自由，間接以實現民族的生存與自由。

因智慧對於民族與個人生存與自由的實現，均異常重要；所以歷來東、西倫理學家對之無不推崇：如中國孔子以智為天下三達德之首，孟子以智為四善端之一。爾後中國倫理學家論主德者，無不折衷於五常；五常之中，智居其一。歐洲蘇格拉底認智慧為最主要的道德，一切罪惡均生於愚昧。柏拉圖不但於四主德中，首云智慧；而且認智慧為其他各主德之基礎。是後歐洲倫理學家論主德者，（除中世紀以外），無不追蹤於柏拉圖，即認智慧為主要的道德。中國稱最理想的人為有道德的人，或聖人；歐洲稱最理想的人為智人(The Wise)，更足證明歐洲人對於智慧之尊重。

理性或智慧既如此重要，如何始能使其發展或增加？最主要的方法厥為追求知識(Knowledge)。知識由理作結品而來，亦可謂為客觀化了的智慧。但知識雖為客觀化了的智慧，二者之間仍多有不同：擧其著者，如智慧是主觀的，知識是客觀的；智慧是特殊的，知識多為普遍的之類。因知識與智慧多所不同，所以富於知識的人不一定有智慧，例如書呆子；富於智慧的人不一定有知識，例如天才事業家。換句話講，即學與識不一定成正比例。但學與識雖不一定成正比例，却有密切關係：就一般來講，學問大多可以提高識見——尤其是以事實為根據，或合乎學理的學問或知識。至不以事實為根據的知識，例如前時的八股，則為一種文字遊戲。此種學問或知識對於智慧不但不能幫助，而且加以妨礙，即使其愈學愈糊塗。其以事實為根據的知識，亦只能根據一般事實，不能根據特殊事實。因為正確知識只能根據一般事實，所以知識多屬於一般或原則。但智慧是要適用於各種情境(Situation)的，情境是隨時隨地不同或特殊的。欲使一般原則能適用於各種特殊情境，必須加以運用。欲能運用一般原則或知識，必須加以融化或澈底瞭解。澈底瞭解某種原則或知識以後，才能將其應用於各種不同情境。書呆子之所以成為書呆子，即因其不能澈底瞭解，或融化一般原則或知識，以致不能隨時、隨地應用。這是關於發展理性的道德規律。茲進而研究關於指導感情的道德規律。

第三目　應指導感情

在前面曾經講過，理性好像輪船上的指南針，意志好像輪船上的煤火，感情好像輪船上的水蒸氣。水蒸氣有一種極大膨脹力，所以感情亦易於衝動。因感情易於衝動，所以感情生活須嚴加指導；好像水蒸氣易於膨脹，須用管塞加以控制一樣。感情內容甚多，最重要者當推喜、怒、哀、樂、愛、惡、慰、懼等。喜、樂、愛、慰有益而無害，不須指導；哀為痛苦的必然結果，惡為憤怒的必然結果，不能指導。其須指導并能指導者厥為怒與惱。

怒，即俗話所謂的發脾氣。實驗心理學家告訴我們，怒或發脾氣容易影響內分泌，由影響內分泌以影響身體健康，所以怒足傷身。同時怒不但傷身，而且害事。怒所以然能害事，即因個人不過為民族有機體中的一個細胞。個人既不過為民族有機體中的一個細胞，所以個人必須與他人合作，始能完成各種事業。倘使某一個人無事發脾氣，或性情暴燥；小事發脾氣，或氣量褊狹；自然無人願與其合作。無人願與其合作，其事業必失敗。性情暴燥，氣量褊狹，既足以傷身、害事，必須加以指導，藉以培養深沉、寬大的習慣。所謂深沉，即無事不發脾氣；所謂寬大，即小事不發脾氣。倘能無事不發脾氣，則自然態度瀟洒，心廣體胖。倘能小事不發脾氣，則處處原諒他人無心的過失，不計較他人小的過失，他人自樂與之合作，於以得到成功。因此暴燥、褊狹為傷身、害事之基，深沉、寬大為養生、成功之母。而寬大或氣量寬宏，尤為領導者所必須具備的修養：因領導者下面有許多被領導者，被領導者自不能個個無過、時時無過。被領導者既不能個個無過、時時無過，所以領導者必儘量予以寬恕，時時加以包涵。否則有過必革、小過必規，則將無可被領導者，亦無人願被領導矣。所以老子說：「江海不擇細流，故能成其大。」俗語說：「宰相肚裏好撑船。」

但深沉寬大只說無事不發脾氣，小事不發脾氣；并不是說，根本消滅脾氣，或完全不發脾氣。脾氣是一種天生的東西。凡天生的東西，必須予以適當的發洩，否則過於壓制必形成心理變態，或精神病；好像水蒸氣雖不能任其膨脹，亦必予以通路一樣。因此脾氣不能完全消滅。同時天生之材必有用，脾氣既是天生的，脾氣亦必有用。脾氣既有用，脾氣亦不應該完全消滅。換句話講，即當發脾氣時，還是要發脾氣：例如生存與自由是個人最重要的東西，所以他人小過雖可原諒，倘使有人侵犯或侮辱其生存與自由，則必須加以反抗或發脾氣。倘使他人侵犯其生存與自由而亦不發脾氣，則變為無恥。同時生存與自由亦為民族最重要的東西，所以倘使有人侵犯民族的生存與自由，尤必須加以反抗或發怒，如內對漢奸，外對帝國主義者。倘對漢奸賣國、對帝國主義者侵略而亦不發脾氣，則變為無骨氣。暴燥與褊狹是一種罪惡，無恥和無骨氣也是一種罪惡，均應設法避免，這是關於怒的指導。

恐懼，或逃避生命危險，為生存要求在感情方面的表現。生存為自由的基礎，對個人、對民族均異常重要。因生存對個人、對民族均異常重要；所以遇到生命危險時，當逃避自應逃避，決不作無謂犧牲。否則成為魯莽。魯莽白白犧牲自己生命，徒耗國家一份人力，為一種極大的罪惡。但對當逃避的危險雖應逃避，對於不當逃避的危險決計不能逃避；或當死則死，決不偸生。當死則死，決不偸生，即普通所謂的勇敢。當死不死，或貪生，即普通所謂的怯懦。勇敢是一種極高的道德，怯懦是一種極大的罪惡。勇敢所以然是一種極高的道德，怯懦所以然是一種極大的罪惡，即因自由爲生存之目的。因自由乃生存之目的，所以生存係爲着自由。生存既爲着自由，倘使自由發生危險，或不能自由時；則當犧牲生命以維護自由。此即孟子所謂：「生亦我所欲也，所欲有甚於生者，故不爲苟得也。死亦我所惡也，所惡有甚於死者，故患有所不避也」。因勇敢是一種極高的道德，所以歐洲古代倫理學家柏拉圖以勇敢爲四主德之一，亞里士多德甚且將其置於一切德行之首。歐洲近代倫理學家對此亦特別注重。中國古代孔子以勇爲天下三達德之一，足見其異常推崇。爾後言德行者多宗五常，而五常中無勇敢，遂養成怯懦風氣，招致近百年的外侮。因此對於勇敢的道德，應加以恢復或提倡。

倘使當怒則怒，決不暴燥或褊狹；當死則死，決不苟且以偸生；則感情生活可謂完全合理。茲進而研究關於意志的修養。

第四目　應調養意志

如前所論，理性好像輪船上的指南針，感情好像輪船上的水蒸氣，意志好像輪船上的煤火。煤火爲整個輪船之眞正推動者，意志亦爲人類一切活動之源泉。至於理性不過爲旁觀者或顧問；感情不過爲從旁幇助者。因意志爲人類一切活動的來源，所以意志在心靈生活中佔領極重要位置。因意志在心靈生活中佔領極重要位置，所以意志活動應遵守種種道德規律。關於意志活動應遵守的道德規律，可分消極與積極兩方面來講。

就消極或滿足方面講，各種意志應加調節。所謂各種意志應加調節，即一方面應使各種意志平均滿足，或調和發展；另一方面應使各種意志適中滿足。就調和發展來說，前面曾經講過，意志或本能是多方面的，其最重要者厥爲生存意志、性愛意志、自由意志、社會意志等。各種意志均有獨佔傾向：如求生心強烈時，每不惜犧牲愛情或名譽，愛情熱烈時每不惜犧牲生命或地位，名譽心激烈時每不惜犧牲生命或愛情……。但各種意志雖性質不同，實爲一個意志的各方面。因各種意志爲一個意志的各方面，所以互相不可分離。各種意志既互相不可分離，又有獨佔傾向，所以必須設法調和，使其平均滿足。否則或偏枯、或偏厚，不但使整個意志杌隉不安，而且不能表現一個完整的人格。就適中滿足來講，各種意志既有獨佔傾向，亦有過分要求：例如飲食原爲維持生存，照理只要夠維持生存的飲食已足；但事實上每有貪食之徒。性愛原爲繁殖子女，照理只要夠繁殖的性愛已足；但事實上每有好色之徒。地位原爲實現創造，照理只要有可爲的地位即可；但事實上每有僭位之徒。但各人要求雖無窮，其需要常爲一定的。因需要常爲一定的，所以過分滿足，不但不能實現本身的生存與自由，而且妨礙本身的生存與自由：例如多食妨害腸胃，多色消耗精力，均有害於身體，事實明顯，固無待論。至於位過其才，不能從容處理，甚至弄得焦頭爛額；不但貽害本身，而且貽誤社會。因此對各種意志必須加以節制。否則成爲放縱，即不傷身、害事，亦變爲其奴隸。既變爲某種意志的奴隸，即不能不聽其驅使，以喪失精神自由。所以節制的道德，歷來視爲一種極重要的基本道德。

就積極或活動方面來講，應養成堅強和忍耐的意志　所謂堅強的意志，即某種事業計劃決定以後，或實現某種意志方向確定以後，即毫不間斷、絕不改變地向前進行，必完成其原來計劃，或達到其預期目的而後已。此種精神中國倫理學家名之爲有恆，西洋倫理學家稱之爲毅力(Perseverance)。有恆或毅力對於事業的完成，或目的的實現，異常重要。因事實告訴我們，人是有人性的，事是有事性的，物是有物性的。人既有人性，事既有事性，物既有物性，自不能隨吾心所欲；必須加以一定的努力，然後才能就其本性以實現我之目的。好像輪船必須不斷的燒火，必須朝着一定的方向，然後才能達到目的地一樣。否則或一暴十寒，必致落伍，如兔子走不過烏龜；或見異思遷，必致永遠不能達到目的，如隨風轉舵的帆船永遠不能着岸一樣。所謂忍耐的意志較堅強的意志更進一層。堅強意志僅對於已決定的計劃或目的，決不自動停頓或放棄；至忍耐意志，不但對於已決定的計劃或目的無論遭遇何種困難或阻礙，亦不被動地停頓或放棄；仍設法戰勝其困難，推翻其阻礙，以繼續前進，直至完成原來計劃，或達到預期目的而後已。此種精神中國倫理學家稱之爲百折不撓，或貫徹的精神；西洋倫理學家名之爲堅忍性(Fortitude)。百折不撓的精神或堅忍性，對於事業的成就，或目的的實現，較之有恆成毅力尤爲重要。因地球既充滿荆棘，道路更處處崎嶇。地球既充滿荆棘，道路更處處崎嶇，所以遭遇困難或阻礙爲事業過程中不可避免之事實。困難或阻礙既爲事業過程中不可避免之事實，則倘使一遇困難便覺氣餒，一受挫折便爾灰心；則將無一事可成，無一個目的可達。況且困難和阻礙不但是不可避免，而且可以提高成功價値。俗語謂：「難能可貴」。倘使一反掌即可成功，雖成功又有何價値？況且困難和阻礙不但是不可避免的，而且是無有不可克服的。愚公移山是不是眞移掉了？精衞塡海是不是眞塡起了？雖不可得而知；但「有志者事竟成，破釜沉舟，百二秦關終屬楚；苦心人天不負，臥薪嘗膽，三千越甲可吞吳！」則有歷史事實，可以證明！

倘使一個人能如本章所謂，有健強的體格、有圓滿的智慧、有寬大勇敢的修養、有適中堅忍的意志；則這個人，或民族份子，一定可謂爲理想的人，或理想的民族份子。但這個理想人的優質倘是主觀的，必須藉創造以表現；同時這個理想的人更不能本身滿足。因此於身、心的各種基本道德規律以外，仍不能不有創造和享受的特殊道德規律，玆另章討論之於後。

本節參考書：

1. 馮友蘭：新世訓，一、四、五、六、七等篇；
2. 遠藤隆吉：東洋倫理學，第二編，第一章，第四節；
3. Mackenzie: A manual of Ethics, Book III, ch V;
4. L. Stephen: The Sceince of Ethics, ch. V;
5. J. Dewey and Tufts: Ethics, P. II. ch. XIX
6. W. Wundt: Ethics, vol. III. P. IV, ch. I;
7. H. Friesch: Ethical Principles II, 2, B;
8. Fr. Paulsen: System der Ethik, II. Bd. III. B. II. V. IV 段
9. N. Hartmann: Ethik, II Teil, V Ab。
10. B. Jacob: Devoirs III, IV。

第十二章　實現自我生存與自由以實現民族生存與自由的特殊道德規律

第一節　創造

第一目　創造之意義及其重要

所謂創造就是利用上章所講的健全體格、圓滿智慧、勇敢精神、堅忍意志等，以完成某種事業：如生育子女、教育後進、健全社會組織、維持社會紀律、發明新式器械、從事經濟生產、發現新的眞理、創立新的學說、創作詩、文、小說、繪畫、彫刻、樂譜之類。

上面曾經講過，健全體格、圓滿智慧、勇敢精神、堅忍意志等構成一個人的人格。人格是主觀的。事業完成須利用各方面人格，所以完成的事業亦可謂爲各方面人格的客觀化。例如健全體格原爲主觀的，不但他人不可得而知，即自己亦不能自信；必須在某種勞動中加以試驗，始能得到表現或證明。圓滿智慧亦爲主觀的，吾人不能由想像以判斷某個人的智慧；只能由其言行以確定。勇敢的精神，或堅忍的意志，更是主觀的。吾人不能憑空承認某一個人爲勇敢，除非他有不逃避危險的事實；吾人不能憑空承認某一個人爲堅忍，除非他曾經排除萬難，以達到某個目的。因此創造好像X光線一樣，X光線能將藏在身體內面的疾病客觀化於一張膠片之上；創造能將藏在身體內面的人格，具體化於衆人之前。

人格是主觀的，創造是客觀的。主觀是內在的，他人不可得而知；客觀是外在的，人人可得而見。因主觀的人格他人不得而知，客觀的創造人人可得而見；所以吾人對於某個人價值的判斷，無不以其創造或所完成的事業爲根據：如對於教育家的批評，不問其當時身心如何，只問其對於教育理想與教育方法有無貢獻？對於政治家的批評，不問其當時身心如何，只問其對促進社會秩序有無裨益？對於學術家的批評，不問其當時身心如何，只問其對於知識有無增加？對藝術家的批評，亦不問其當時身心狀態，只問其是否創造了新的風格，或在某種風格中是否創造了代表的傑作？……。因價值的評判，多以創造爲根據；所以創造亦爲每個人價值的決定者。好像在正常環境中，價格(Price)爲某物價値(Value)的決定者一樣。因創造乃各人價値的決定者，所以有創造的人生就是有價値的人生，無創造的人生亦就是無價値的人生！

進一步來講，創造不但決定一個人的價値，而且可使一個人永遠不死(Immortality)：例如遺傳學告訴我們，子女爲父母性細胞的發展。性細胞爲體細胞的精髓，所以子女的生存即爲父母的生存。子孫繁殖無窮，即有生育的父母永遠不死。教育史告訴我們，偉大教育家能改變學生整個人格，即使學生犧牲其原有的人格，以爲師的人格爲人格。學生以教師的人格爲人格，則學生的生存亦可謂爲教師的生存。學生傳受不息，即有創造的教師亦永遠不死。孔子和蘇格拉底就是個好的例子。政治史告訴我們，偉大政治家和立法家，無不將其政治理想化爲政治制度，或各種法律。社會是進化的，後一代的政治制度不能不因襲前一代的政治制度，後一代的法律不能完全抹殺前一代的法律。因此政治家和立法家的影響和水中波浪一樣，愈放愈大，愈推愈遠。政治制度和立法的影響愈放愈大，愈推愈遠，政治家和立法家因以永遠不死。例如中國秦始皇死去已兩千多年了，他的郡縣制度和萬里長城至今猶存。猶太模西久已死去了，他的十誡至今猶有效力……。經濟史告訴我們，某種生產工具或方法發明以後，即脫離其發明者而獨立，成爲經濟生產進步的一個動力：例如嫘祖死去數千年了，其養蠶的方法不但仍然存在，而且日漸推廣。周公久已死去了，他所發明的指南針仍到處應用。哲學史告訴我們，孔、孟、柏拉圖等均久已死去，但他們的學說仍繼續不斷地影響人生。科學史告訴我們，亞幾米蒂斯(Archimedes)和加里略(Galileu)均久已死去，他們的比重律和物際律仍繼續爲人應用。藝術史告訴我們，杜甫、李白、韓愈、柳宗元等早已不在人間，但他們的詩、文仍然有人誦讀；王維、唐寅早已離開人世，但他們的作品，仍然有人欣賞。……德國哥德謂：『人生朝露，藝術千秋。』實際上，何只藝術千秋？學說也有千秋，發明也有千秋，制度也有千秋，教育也有千秋，生育也有千秋！……

總而言之，創造都有千秋；有創造的人都可永遠不死。至於無創造的人，身死一切均告完結。俗語謂：『蓋棺論定』。即指這一班人。至於有創造的人，他們的評價常隨時代和個人的轉變而不同：如現代中國人已不認孔子爲至聖，秦始皇爲民族的第一個罪人……。現代歐洲人均認蘇格拉底爲聖人，不像古時希臘人認其爲叛徒。現代法國對於伽利略到處立像膜拜，不像當時政府要將其放逐……。

同時創造不但可使個人永遠不死，亦且爲個人充分自由的表現。所謂自由，即係征服或支配環境。征服或支配環境的兩大方法：一爲瞭解，一爲改造。瞭解即普通所謂的發現眞理；改造即普通所謂的從事建設。發現眞理與從事建設即上面所謂的創造。發現眞理即爲征服精神世界，從事建設即爲征服現實世界。所以創造即表現自由。同時亦只有在創造中才能證明一個人是自由：例如教育家能影響學生的人格，即證明教育家能支配學生的心靈；教育家能支配學生的心靈，教育家才能證明其有自由。政治家能使他人服從他的法令，即證明政治家能改變他人的意志；政治家能改變他人的意志，才能證明政治家能征服社會環境。發明家能利用各種法則，使自然聽他的命令；發明家使自然聽他的命令，才能證明發明家能征服自然環境。哲學家使整個宇宙化爲他的思想系統，於以征服整個宇宙。藝術家利用各種不同的工具，如字、色、形、音等另創一個世界，這個世界獨立於現實世界以外，而不受其影響。因此創造就是自由。有創造的人就是有自由的人。至無創造的人則爲奴隸——精神的奴隸！

人生最高目的即在實現其生存與自由。創造就是生存與自由的實現，所以創造對於個人異常重要。同時民族生活於其份子或個人，個人生存與自由亦即爲民族的生存與自由。因此創造對於民族亦異常重要。創造對於個人，對於民族均異常重要，所以關於創造生活不能不遵守各種道德規律。茲另目論之於後。

第二目　關於創造的道德規律

根據上面分析，足知創造對於個人或民族均異常重要。因創造對於個人與民族均異常重要，所以每個人必須從事一種創造。此必須從事的一種創造，即普通所謂的勞動或職業。因此每個人必須有一種創造，也可說，每個人必須有一種勞動或職業。倘使一個人有勞動的能力，或非殘廢；有勞動的機會或非失業；而不願意勞動，或從事某一種職業，則成爲遊民。遊民按其生活的程度不同，可分爲下等遊民與上等遊民：下等遊民即普通所謂的盜、賊、乞丐等，上等遊民卽普通所謂的有閒階級，其著者如無所事事的地主、資本家以及其他的富翁。這兩種遊民的程度雖不一樣，但其耗費民族財力、物力則一。這兩種遊民被懲罰的方式雖然不同，但其必受懲罰則一：例如盜賊須治罪，固無論已；乞丐亦時時遭遇飢寒或白眼。至上等遊民雖在肉體方面可逃避懲罰，但飽食終日無所用心，必有空虛或無聊之感。此種空虛或無聊之感，無異於爲一種精神懲罰。

同時人人不但須有一種職業，而且必須盡忠於其職業。所謂盡忠於其職業，卽時時集中精力於其職業：如做母親的人必用全力於撫養其子女；辦教育的人必用全力於教導其學生；爲官吏的人必用全力於維持社會秩序；爲將士的人必用全力以保衛國土；爲農工的人必用全力於經濟生產；從事學術的人必用全力於研究眞理；從事藝術的人必用全力於創造作品……。此卽諸葛亮所謂的：「鞠躬盡瘁，死而後已。」倘使不盡忠於其職業，則成爲鬼混，或包而不辦。鬼混或包而不辦的人，名義上雖有職業，實際上無所事事，仍爲遊民——有業遊民。無業遊民不勞而食，雖耗費民族財力、物力，尚不至於貽誤國家大事；有業遊民包而不辦，不但耗費民族財力、物力，而且貽誤國家。誤國之罪雖不甚於賣國，但亦等於賣國。因此有業遊民較之無業遊民，罪惡尤爲深重。倘使無業遊民好像是個老鼠，則有業遊民好像是個毒蛇猛獸。老鼠雖偸食尚不傷人，毒蛇猛獸不但不生產而且要傷人；所以人類消滅毒蛇猛獸嚴於消滅老鼠。同樣社會處罰曠職或曠業的人也應該嚴於盜賊、乞丐！

根據上面所講，足知創造是多方面的。但個人精力是有限的，以有限的精力決不能從事多方面的創造，尤其是在文化發展甚高的今日。同時心理學家告訴我們，人類生來每有其特性或個性；如施卜蘭格所講的：經濟型、理論型、權力型、社會型、藝術型、宗教型等。個性是先天或生來就有的。個性既是先天或生來就有的，可以說爲民族所給予。民族給予個人以不同的個性，無異於給予個人以不同的使命。民族既給予個人以不同的使命，則每個個人自應依其個性或興趣以擇定某一種職業。職業與興趣一致以後，才能盡己所長，以成就特殊貢獻。同時民族生活也是多方面的，任何特殊貢獻均爲民族所需要。否則抹殺本身興趣，專騖時髦；則無異於舍己田而芸人之田，自己田荒蕪了，他人之田也未必耕得好；下以辜負本身，上以辜負民族！所以僭業之罪，雖不大於無業；亦必等於無業！

同時心理學家又告訴我們：人類生來不但個性不同，而且能力亦復相異，如智商高者可達一百四十，低者僅及七十左右。智力如此，勇力、毅力、忍力等亦然。個人能力不同，可謂為民族給予個人的使命大小不同。民族既給予個人以大小不同的使命，所以個人應當就其所能，努力於某種職業中的某一階層：如在教育方面，或為小學教師、或為中學教員、或為大學教授；在政治方面，或為縣長、或為廳長、或為部長；在軍事方面，或為連長、或為營長、或為司令長官；在經濟方面，或為工人、或為工頭、或為工程師……。倘使不度德，不量力，用種種不正當的方法，竊取高位或僭位，則才不稱職，必致僨事。僨事的結果，不但自誤而且誤國。所以僭位也和僭業、無業一樣，是一種極大的罪惡。

個人生來的個性與能力，既為民族給予個人的使命，所以依照興趣與能力以從事創造，即無異於實現本身所負有的使命。創造既為實現本身所負有的使命，所以個人對於創造，在積極方面不能希望有任何好的回報：如母親撫育子女，乃為民族盡其延長生存的使命。撫育子女既為母親對民族盡其延長生存的使命，母親自不能希望子女對她有什麼好的回報。教師教導學生，乃為民族盡其培養創造能力，以提高其自由的使命。教師教導學生既為對民族盡其培養創造能力，以提高其自由的使命，則教師自不能希望學生對他有什麼好的回報。官吏維持社會秩序，乃為對民族盡安內的使命。維持社會秩序既為官吏應盡的使命，則官吏實行維持社會秩序自不能希望人民對其有何回報。將士保衛國土，乃為對民族盡其攘外的使命。攘外既為將士應盡的使命，則將士從事攘外自不能希望國人對其有何好的回報。他如農、工、商人、學者、藝術家等亦均如此。個人從事創造既為實現本身使命，則個人對於某一種事業，只問其當做不當做，不問其有無結果。只要當做，即明知不能及身成功也要去做；此即所謂：「當為則為，不必功成自我。」在消極方面，不能逃免任何惡的回報。人類眼睛都是肉做的，即普通所謂的肉眼。肉眼多是近視的，所以一般人的眼光都是很短。因一般人的眼光都是很短，所以一般人常常不能瞭解他人之所為；尤其是一般人不能瞭解天才者之所為。因一般人不能瞭解天才者之所為，所以天才者的作品每不能見諒於當時：如蘇格拉底被判死刑，布魯諾活活被燒死，盧梭被迫過放逐之類 因偉大的創造每不能見諒於當時，所以對於創造要任勞任怨。此即所謂：「只問良心安否，不顧世人毀譽！」

倘使一個人在創造方面，既必有一業，又忠於一業；所業既合所好，所業又合所能；既能不計得失，又能不辭勞怨，則必有所成就。由此種成就直接以實現本身的生存與自由，間接以實現民族的生存與自由。但創造對於人生雖異常重要，亦不過為維繫個人生之一方面，好像呼吸雖然對人異常重要，亦不過為維繫個呼吸的一方面一樣。因此於討論創造以後，仍不能不討論享受。

本節參考書：

1. 汪少倫：民族哲學大綱，第二章，第三節，第二目；
2. 羅家倫：新人生觀，八三——九二頁；
3. 馮友蘭：新世訓，八；
4. H. Rashdall: Theory of Good and Evil, Book II, ch. IV;
5. W. Wundt: Ethics, Vol. III, P. IV, ch. 1;
6. F. Adler: Ethische Lebensphilosophie, B. IV, K. II-IV;
7. C. D. Burns: The Philosophy of Labor;
8. Fr. Paulsen: System der Ethik, II, Bd. III, B. IV, K;
9. Fr. Giese: Philosophie der Arbeit。

第二節 享受

第一目 享受之意義及其重要

享受與上節所講的創造，恰恰相反。創造是將一個人本身所有的東西表現或貢獻出來，享受是將一個人本身所需要的東西攝取進去：如在身體方面，衣、食、住、行的利用，性愛的滿足等；在心靈方面，名位的享受、知識的享受、藝術的享受等。倘使創造好像一個人的呼氣，則享受好像一個人的吸氣。呼氣與吸氣雖方向不同，實為一種作用——生存作用的兩個過程。因此創造與享受雖性質相異，亦為一個人生的兩方面。

上面所講的這些享受，多是人類天性：如人類生來，在身體方面，即有衣、食、住、行的需要，和性慾的本能；在心靈方面，即有支配慾、求知慾、好美天性之類。這些天性人類生來就有，也可以說為民族所給予，好像創造能力為民族所給予的一樣。上節曾經講過，民族給予個人創造能力，無異於給予個人一種使命或義務；則民族給予一個人各種享受需要，無異於給予個人各種權利。享受需要既為民族給予個人的各種權利，則個人自不能不享受，否則即辜負民族的恩惠或給予的權利；好像個人有能力而不從事創造即為辜負民族所給予的使命一樣。

同時享受不但表示一個人實用其民族所給予的權利，亦且表示一個人的目的性或價值：前面曾經屢次講過，民族與其份子構成一種有機體。在此種有機體中，民族生活於其份子；民族份子生活於其民族。因民族份子生活於其民族，所以個人是一種工具或手段；同時因民族生活於其份子，所以個人又是一種目的。因個人是一種工具，所以個人不能不有創造；否則即不成其為工具。同時個人既為一種目的，則個人自不能不有享受，否則即不成其為目的。倘使毫無創造只有享受的人，好像一個老鼠；則毫無享受只有創造的人，好像一條牛。牛的價值雖高於老鼠，即甯可為牛不為老鼠；但牛的生活自不能認為理想的生活。因此吾人應如蜜蜂，蜜蜂一方面能創造，另一方面又能享受。

進一步來講，享受不但為一個人應有的權利，表示一個人的目的性或價值；而且為一個人生存與自由的實現：如在身體方面，由於生理的構造非有飲食或新的營養，則不能營細胞的新陳代謝。身體各部份不能營細胞的新陳代謝，即不能生存。同時又由於生理構造，非有衣服以維持體溫，非有房屋以躲避風雨不可。否則體溫不保，風雨不避，身體亦不能生存。所以食、衣、住的享用，雖非生存的本身，却為生存的前提。但食、衣、住雖為實現生存之前提，其所能實現者只為某一個人在某一個時期內的生存，即凡人皆有死。因此每個人欲繼續其身體方面的生存，非用一種蛻變的方法不可。此種蛻變方法卽普通所謂的繁殖。性愛卽爲繁殖的活動，因此性愛活動雖非生存本身，亦和食、衣、住一樣爲實現生存——永久生存之前提。倘使沒有食、衣、住以及性愛等享受，則個人卽不能生存。至於心靈方面的享受，不但爲實現自由之條件，亦且爲實現自由之本身：如權位享受，不但可使某個人在某種範圍以內可以自由作爲，而且證明某個人在某種範圍以內不受何種限制。知識享受不但可使某個人瞭解宇宙各種現象，以免爲其所支配；而且可由知識構成一個理論世界，完全脫離現實世界的束縛，如玄學的系統學說。藝術享受，不但可以改進自然界的事、音、色、形，而且可以自創一個美的世界；在美的世界或美的享受中，可以表示一個人不受自然界事、音、色、形的限制。倘使一個人在心靈方面不能享受，卽無以實現其自由。如上所講，民族生活於其份子。因民族生活於其份子，所以民族份子的生存與自由的實現，亦卽爲民族生存與自由的實現。因此個人無享受，不但犧牲個人的生存與自由，亦且犧牲民族的生存與自由。

因享受一方面爲個人應有的權利，表示一個人的目的性；另一方面又爲個人與民族生存與自由的實現，所以享受雖與創造性質不同，但其重要則一。享受既然重要，則倫理學自不能不予以研究或分析。過去一般倫理學家對於創造雖多方研究，對於享受則多置而不論，可以說，完全是一種偏見。至於有些倫理學家極力反對享受，認爲是一種極大罪惡，主張苦行，其著者如斯多亞派，則不但偏頗而且錯誤。享受既然重要，自不能不遵守各種道德規律。茲另目分析之於後。

第二目　關於享受的道德規律

根據上面所講，足知享受也和創造一樣，是多方面的。不過享受雖也是多方面的，却和創造不同：在創造方面，文化愈發展，個人能力愈不能完全控制。但欲在某種文化方面有所創造，非能控制不可：如欲在經濟方面有所創造，非能熟練其技術不可；在學術方面有所造創造非能瞭解其已有的學理或學說不可之類。個人精力既不能隨文化之發展而提高，則在創造方面只有力求專精或專業化。但在享受方面，文化愈發展，其產量亦愈大。各方面文化產量愈大，其享受的機會亦愈普遍：如在經濟方面由於機器的大量生產，以前少數人的專有物品，現在已成大衆物品；在學術方面由於印刷的進步，以前爲貴族階級專有的書籍現在已成爲民衆讀物；在音樂方面由於播音機的發明，以前少數人所能欣賞的音樂，現在家家均可接收；在美術方面由於博物館的設立和影印的進步，以前爲少數人享受的美術傑作，現在人人均有機會享受；……。如是在客觀方面有普遍享受可能。同時上面已經講過，各方面慾望均爲人類生而具有的天性，亦同爲民族所給予的權利。如是在主觀方面又有普遍享受需要。在客觀方面既有普遍享受可能，在主觀方面又有普遍享受需要，因此在享受方面愈普遍愈好。享受愈普遍，生命亦愈豐富。否則厚此薄彼，即成爲貧乏或單調。豐富爲人類的理想，貧乏則爲人的缺憾。所以吾人在享受方面應力求豐富，避免貧乏。

但享受雖應力求普遍，亦必加以選擇。享受所以然需要選擇，即因享受係爲着實現生存與自由，並非自爲目的；尤不是生存與自由係爲着享受。享受既爲着實現生存與自由，所以必須對於生存與自由有益的東西，始能享受。其無益於生存與自由的東西，固不必享受；其有害於生存與自由的東西，尤不可享受。有害於生存與自由的東西，在身體方面爲酗酒、賭博、冶遊、鴉片、嗎啡、紅丸、白麵等；在心靈方面爲錯誤學說、頹唐音樂、淫穢書報等。這些東西或足傷害身體，或足影響心靈；所以對這些不正當的享受均應極力避免。

同時事實告訴我們，不但不正當的享受足以妨礙生存與自由，而且不恰當的享受亦有同樣的結果。不恰當的享受，可分過與不及兩方面：就不及方面來講，人類身體需要保有一定的：如在營養方面，每日必須有多少熱力；在皮膚方面，必須保持多高溫度。倘使所吸收的熱力不夠維持消耗，則身體必弱；倘使所穿的衣服不夠保持體溫，則身體必病。弱病的結果必致傷害生存。就過分方面來講，人類享受的能力也是有一定的：如胃口只能消化多少食品，腸子只能吸收多少養分，身體只能穿着多少衣服，生殖機關只能製造多少繁殖能力……。倘使所享受的東西超過這種能力，則不但濫費民族物力，而且損害本身享受能力：如多食傷胃、多色傷身之類。因此吾人不但應求豐富的享受和正當的享受，而且應求恰當的享受。

倘使一個人既有健全身體，又有優美心靈；既能創造，又能享受；則這個人自可謂爲理想的人。但前面曾經講過，個人與民族構成一種有機體，即個人生活於其民族，民族生活於其份子。因個人與民族構成一種有機體，所以個人無論如何理想不過爲民族中的一個份子。個人既不過爲民族中的一個份子，所以個人既不能離開其他個人，尤不能離開民族；好像身體內面的一個細胞既離不開其他細胞，尤離不開身體一樣。個人既離不開其他個人與民族，所以於直接實現自我生存與自由以間接實現民族的生存與自由以外，仍不能不求直接實現民族現生存與自由以間接實現自我的生存與自由。茲先討論關於實現民族生存與自由以實自我生存與自由的基本道德規律

第十三章　實現民族生存與自由以實現自我生存與自由的基本道德規律

第一節　對同胞身體方面的道德規律

第一目　同胞身體之意義及其重要

所謂實現民族生存與自由以實現自我生存與自由的基本道德規律，即係一般民族份子對一般民族份子應有的各種行爲。所謂一般民族份子對一般民族份子應有的行爲，即不問他人的性別如何，年齡如何，智愚如何，能力如何，地位如何，貧富如何，對本身的關係如何……，只要他爲本民族的一個份子，均應當予以如此的行爲。關於一般民族份子對一般民族份子應有的行爲，可分身體與心靈兩方面來講；玆先討論對於同胞身體方面應有的道德規律，並先討論同胞身體之意義及其重要。

前面曾經講過，每個身體不但爲民族所給予，亦且爲民族生存一部份的具體化。因每個身體爲民族生存一部份的具體化，所以每個民族所擁有的身體愈多，該民族的生存範圍亦愈大、同時生存又爲自由的基礎，倘使無生存即談不到自由。因生存乃自由的基礎，所以某個民族所擁有的身體愈多，其自由實現的可能性亦愈大。因某個民族所擁有的身體愈多，其生存的範圍與實現自由的可能性均愈大，所以每個民族——尤其是向上的民族，無不儘量設法增加其所有的身體或人口：如在積極方面儘量獎勵繁殖，在消極方面儘量避免死亡之類。

同時如前所論，身體不但爲民族生存的一部份具體化，亦且爲個人生存的具體化；不但爲民族自由的基礎，亦且爲個人自由的基礎。因身體亦爲個人生存的具體化與自由的基礎，所以每個個人爲實現其生存與自由計，亦無不儘量設法保存其身體。但以身體爲民族所給予，所以個人對身體的保存多爲無意識的或感情的。因保存身體就個人看起來，多爲無意識或感情的；所以凡有益於身體保存的東西，均感覺一種快樂，凡有礙於身體保存的東西，均感覺一種痛苦。一般地講起來，每個人無不好樂惡苦，即足爲一般人無不儘量設法保存其身體之證。

因同胞身體對民族及同胞本身均異常重要，所以對於同胞的身體生活不能不遵守各種道德規律。茲另目加以討論。

第二目　對同胞身體方面的道德規律

對同胞身體方面的道德規律，可分爲積極與消極兩方面：就積極方面講，同胞身體既爲民族生存一部份的具體化與民族自由一部份的基礎；所以爲求實現民族的生存與自由，不能不儘量愛護同胞的身體，好像愛護自己的身體一樣。關於愛護同胞身體的行爲，過去中國倫理學家稱之爲仁，西洋倫理學家名之爲博愛（Benevolence）。仁與博愛雖不專指愛護同胞的身體，但愛護同胞的身體，實爲仁與博愛的主要內容，無論如何，不可否認。既須儘量愛護同胞的身體，而同胞的身體和自己的身體一樣，由於生理構造，非利用各種物質資料，如食、衣、住等不足以維持。因此對於維持同胞身體所必需，而本身享受有餘的物質資料，應該儘量施與，能儘量施與，普通稱之爲慷慨；否則稱之爲吝嗇。但慷慨雖是一種道德，其施行時應注意兩點：第一，施行的範圍愈廣愈好，既不可專看到少數人，尤不可薄待多數人，厚待少數人。第二，被施與的人應確實需要，或其本身確無維持生存的能力，如殘、廢、老、弱之類。否則易養成他人的惰性或依賴性，不但貽誤其本身，而且貽害整個民族；以爲善的動機形成作惡的結果。

就消極方面講，同胞身體既爲民族生存一部份的具體化與民族自由一部份的基礎；則非萬不得已時，對於同胞身體自不能予以傷害，或妨礙其自由。不無故傷害同胞身體的行爲，過去中國倫理學家稱之爲義，西洋倫理學家名之爲公正。義或公正雖不專指不妨害同胞的身體，但不妨害同胞身體爲義或公正的主要內容，亦無論如何，不能否認。其無故傷害同胞身體的行爲，普通稱之爲殘酷。而對同胞的殘酷也就是對民族的殘酷。倘使仁愛是一種最高的道德，則殘酷是一種最大的罪惡。因仁愛是一種最高的道德，所以對於仁愛應該努力推行；同時因殘酷是一種最大的罪惡，所以對於殘酷應該極力避免。但所謂的殘酷只是無故傷害同胞的身體，至於有故或爲民族除害，不得不消滅某一個人，或某一部份人的身體時，則不在此限。既不能無故傷害同胞的身體，而如上所論，同胞的身體又須利用各種物質資料以維持，因此對同胞所賴以維持其身體生存的物質資料或財產，亦不能無故奪取。此種不能無故奪取同胞應有財產的行爲，普通稱之爲廉潔。廉潔的反面則爲貪污。倘使廉潔爲一種重要的道德，人人應該勵行；則貪污亦爲一種重大的罪惡，人人應該避免。

倘使在積極方面能儘量愛護同胞的身體并慷慨施與，在消極方面能不無故傷害同胞的身體并勵行廉潔；則每個同胞的身體必能充分維持，而民族的生存亦因以充分實現。民族生存充分實現，本身生存亦必充分實現；好像整個身體健康，每個細胞亦必健康一樣。所以愛人等於自愛。否則或互相殘傷，或互相奪取；則整個民族必自行消滅。整個民族消滅，則「皮之不存，毛將焉附？」本身亦必消滅。所以害人等於自害！於是直接實現民族，間接即爲實現本身。況且同胞身體不但爲民族生存一部份的具體化與民族自由一部份的基礎，而且爲同胞本身生存的具體化與自由的基礎。而要求生存與自由既爲每個人的天性，亦爲每個人的權利與義務。因要求生存與自由爲每個人的義務，所以某個人身體，或生存與自由，被人侵犯時；其本身或其代表者，必起而反抗或報復。反抗或報復的結果，本身亦受其害。因生存與自由爲每個人的權利，所以某個人權利被尊重，或其身體被人愛護時；則亦必尊重他人之權利，或愛護他人之身體。尊重或愛護的結果，本身亦受其利。因此仁愛、好施、正義、廉潔等，不但間接實現本身的生存與自由，亦可直接實現本身的生存與自由。

因仁義既可實現民族的生存與自由，又可實現本身的生存與自由，所以歷來中、西倫理學家對於仁、義二德目，無不異常重視：例如孔子以仁爲全部道德之中心，以忠恕，或己所欲施之於人，己所不欲勿施於人，爲行仁之準則。孟子教人，口不離仁、義。是後實德行者均依五常，而仁、義即居五常之首。是見中國倫理學家無不重視仁義。希臘倫理學家對於仁雖不十分注重，對於正義則極端推崇：如拍拉圖以正義爲建設理想國之最高原則，亞里士多德對正義亦曾詳細研究。是後歐洲倫理學家無不以正義爲基本德行之一。自耶穌提倡博愛以後，仁愛德行亦受重視。而耶穌博愛注重愛鄰，近代尼采與哈特曼(N. Hartmann)等，不但重視愛鄰，而且提倡愛遠或後輩；是見仁愛不但仍受重視，而且其範圍日加推廣。茲進而研究對同胞心靈方面的道德規律。

本節參考書：

1.馬肯榮著，溫公頤編譯：道德學，第四編，第三章；
2.H. Rashdall: Theory of Good and Evil, Book I, ch VIII. IX;
3.H. Driesch: Ethical Principles, II 3;
4.Fr. Paulsen: System der Ethik, II Bd, III, B. IX. X. K;
5.N. Hartmann: Ethik, II Teil, V. VI. VII. Ab;
6.B. Jacob: Devoirs, VIII, XII.

第二節　對同胞心靈方面的道德規律

第一目　同胞心靈之意義及其重要

前面曾經講過，自我心靈不但為民族所給予，而且為民族自由一部份具體化與實現對環境自由的基礎。自我心靈既為民族所給予，則同胞心靈自亦為民族所給予。自我心靈既為民族自由一部份的具體化與實現對環境自由的基礎，則同胞心靈自亦為民族自由一部份的具體化與實現對環境自由的基礎。而如前所論，民族自由實為民族生存之目的，歷來民族無不盡量設法以充分實現其自由，一部世界歷史即為各民族努力實現其自由的記錄。因此同胞心靈對於民族異常重要。

同時同胞心靈不但為民族自由的一部份具體化，而且為同胞本身自由的具體化；不但為民族實現對環境自由的基礎，而且為同胞本身實現對環境自由的基礎。而自由的充分實現，不但為民族生存的目的，亦且為個人生存的目的；因此歷來個人亦無不努力以求充分實現其自由，而人生活動即可謂為求自由的活動，人生歷程即可謂為實現自由的歷程。因此同胞心靈對於同胞本身亦異常重要。

同胞心靈對於民族與同胞本身均異常重要，所以對於同胞心靈方面不能不遵守各種道德規律。茲另目加以討論。

第二目　對同胞心靈方面的道德規律

對同胞心靈方面的道德規律亦可分爲積極與消極兩方面：就積極方面講，同胞心靈旣爲民族自由一部份的具體化，則維護同胞的心靈，卽爲維護民族的自由；傷害同胞的心靈，卽爲妨礙民族的自由。維護同胞心靈旣爲維護民族的自由，所以對於同胞的心靈或人格不能不予以尊重　尊重同胞心靈或人格的行爲，中國普通名之爲禮或禮節，西洋普通稱之爲禮貌或客氣（Politeness）。尊重　同胞人格或對同胞有禮，卽認每個同胞均爲民族之一份子或一個人，其價值與本身價值相等　同胞價值旣與本身價值相等，則本身旣尊重自己人格，不許他人侵犯；則本身自亦不能侵犯他人人格。否則卽爲無禮。但無禮僅指無故侵犯同胞人格，或橫加侮辱而言。至於有故，或不得已時，對同胞的侮辱：如或同胞本身不尊重自己人格，或無故侵犯他人人格時，對同胞所加的侮辱或報復，則不在此限。同時尊重同胞人格或認一個同胞爲一個人，亦只認一個同胞爲一個人。因此某個同胞卽有特殊智能，或特殊貢獻，亦認爲係民族所給予，或對民族盡其應盡的使命；仍予以同樣的禮節或尊重。否則卽變爲諂諛。侮辱與諂諛的性質，雖不相同，但爲罪惡則一。

就消極方面講，每個同胞均具有心靈，每個心靈均有理性，每個理性均有智慧。每個智慧均能知人、知事、知物。每個同胞旣能知人、知事、知物，則自不能用僞言、僞態、僞事或僞物以行欺騙。此種不利用僞言、僞態、僞事、僞物以欺騙同胞的行爲，中國普通名之爲誠或信，西洋普通稱之爲誠實（Honesty）或可靠（Reliability）。信實或誠實不用僞言、僞態、僞事、僞物以欺騙同胞，無形中卽認同胞均有智慧，不可欺騙。所以信實或誠實卽爲尊重同胞人格。尊重同胞人格卽爲實現民族自由，所以信實或誠實爲一種重要的道德。反過來講，欺騙或說謊無形中卽認同胞爲愚昧或傻瓜；所以欺騙或說謊卽爲侮辱同胞人格。侮辱同胞人格卽爲妨礙民族自由，所以欺騙或說謊爲一種重大的罪惡。但欺騙或說謊爲一種重大的罪惡，係就自私的欺騙或說謊而言。至於爲他的，或爲民族的欺騙或說謊不但不是罪惡，而且是一種德行：舉其著者，如醫生見人病重，故作鎭靜，以免其着急；外交官故作姿態，以求交涉勝利；軍事家在對外作戰時，故作疑陣或詐探敵情之類，其句話講，欺騙或說謊的罪惡是相對的，即孟子所謂：「言不必信，行不必果，惟義所在。」不是絕對的，好像費希特所講：「即使可以超脫整個人類，我亦不願違背語言。」

對同胞有禮與不欺騙同胞，即爲尊重同胞的心靈或人格，同胞的心靈或人格即爲民族自由的具體化，所以有禮有信即爲實現民族的自由，無禮無信即爲妨礙民族的自由，同時各個民族份子有禮有信，則社會必安，社會安定，民族必興盛。民族興盛，個人必隨之以得福。反過來講，各民族份子無禮無信，則社會必亂。社會混亂，民族必衰滅，民族衰滅，個人亦隨之受禍。所以有禮有信，不僅直接實現民族的自由，亦且間接實現本身的自由。進一步講，同胞間關係是相互的。同胞間關係既爲相互的，則某個同胞對他人有禮，他人對之亦必有禮；對他人無禮，他人對之亦必無禮；對他人信實，他人對之亦必信實，對他人欺騙，他人對之亦必欺騙。此即所謂：「敬人者人必敬之，欺人者人必欺之。」所以有禮有信，不僅間接實現本身的自由，抑且直接實現本身的自由。

因禮、信可以實現民族與個人的自由，所以中、西倫理學家對於禮、信，亦無不特別注重：如孔子云：「人而無禮，與禽獸奚以異？」又說：「人而無信，不知其可也。」子思不但以誠爲最主要的道德，而且以誠爲宇宙的本體。孟子以禮爲四端之一，董仲舒以信爲五常之一。是後言德行者必宗五常，即對於禮信，無不注重。西洋倫理學家對於禮字雖較忽視；而對信字則異常注重：如亞里士多德即已討論到誠實（Truthfulness），包爾生、哈特曼、馬肯棨等對於誠實均有極詳盡的分析。

倘使一個人對同胞的身體能盡量愛護，不加以傷害；對同胞的心靈能盡量尊重，不加以欺騙，則民族份子與民族份子間的一般關係，必能順利維持。但前面屢次講過，民族係一種有機體。因民族係一種有機體，所以每個民族份子，均分屬于各種不同的社會機構之中，以互相分工合作；好像一個人體內的許多細胞，分屬于各種不同的機關，以互相分工合作一樣。因各個民族份子分屬于各種不同的社會機構之中，以互相分工合作；所以各個民族份子間除一般的關係以外，尚有各種特殊的關係。因各種民族份子間除一般的關係外，尚有各種特殊的關係；所以除實現民族生存與自由以實現自我生存與自由的基本道德規律外，尙有實現民族生存與自由以實現自我生存與自由的特殊道德規律，茲另章研究之於后。

本節參攷書：

1. J.S. Mackenzie: A Manual of Ethics, P, 363—4;
2. Fr. Paulsen: System der Ethik, Ⅱ Bd. Ⅲ B, 11.K;
3. N. Hartmann: Ethik, Ⅱ Teil, Ⅵ Ab;
4. Hoffding: Ethik, Ⅻ, b。

第十四章 實現民族生存與自由以實現自我生存與自由的特殊道德制度與規律

第一節 家庭中的道德制度與規律

第一目 家庭之意義及其重要

如上所論，實現民族生存與自由以實現自我生存與自由的特殊道德規律，爲在各種不同的社會機構中，各個民族份子間相互應有的行爲。社會機構的種類甚多，但其最重要者厥爲家庭、學校、社團、國家、經濟、學術、藝術等。因此所謂特殊道德規律，即爲家庭中的道德規律、學校中的道德規律、社團中的道德規律等。但各種社會機構必有其組織的原則。此種組織原則，即普通所謂的社會制度。社會制度即爲各個民族份子不同關係的具體化。所以欲使各個民族分子間的關係合乎道德，必須使各種社會制度合乎道德。倘使社會制度不合乎道德，則社會關係本身錯亂，合乎道德的行爲便不可能。因此在討論各種特殊道德規律以前，必須略論各種道德制度。茲先討論家庭中的道德制度與規律，並先討論家庭之意義及其重要。

所謂家庭(family)，簡言之，即爲民族新生命創造的場所，亦爲實現民族生存的主要機關。在前面曾經講過，民族生活於其份子。其份子多少決定其本身的生存範圍，其份子的有無決定其本身的存亡。但民族份子的肉體，以由於生理構造，經過一定時間以後，必然死亡；好像人體內的細胞，經過一定時間，亦必淘汰一樣。民族爲避免其本身隨民族份子的死亡而死亡，必須有新生的份子以代替死亡的份子，好像人體爲避免本身隨其舊細胞的淘汰而消滅，必須有新細胞起而代替一樣。此種民族新份子，必須於家庭中始能產生，亦必須於家庭中始能長成。倘使沒有家庭，民族新份子或不能產生，或即產生亦不能長成。所以家庭爲培植民族新生命的農場，亦爲實現民族生存的機關。

同時家庭不但爲實現民族生存的機關，亦且爲實現民族自由的機構：上面所謂民族生活於其份子，實際上，每個民族份子，無論就生理與心理方面講，只是半個人，不能單獨生活。因每個民族份子只是半個人，不能單獨生活，所以每個民族分子無不生活於其家庭。因此家庭爲構成民族的眞正細胞，亦爲民族組織的基礎。因家庭爲民族組織的基礎，所以欲使民族組織嚴密，社會安定；非使家庭組織嚴密，生活穩固不可。否則家庭解體，社會必亂。社會亂則民族易爲環境所控制或征服。

因家庭不但爲民族實現生存的機關，亦且爲民族實現自由的機構；所以對於民族生存與自由的實現，異常重要。因家庭對於民族生存與自由的實現異常重要，所以歷來向上的民族，無不有普遍與穩定的家庭生活，其漸趨衰亡的民族亦多由家庭解體始。這是就民族來講。

就個人來講，家庭爲個人生命延長的地方，亦爲個人生活圓滿的場所：現代遺傳學家告訴我們，子女爲父母性細胞的結合，父母性細胞又爲父母體細胞演變的結果。因此子女的生存即爲父母的生存，子孫綿延，即爲本身永遠不死。但如上所論，每個民族份子只是半個人，半個人自不能單獨創造人。此即普通所謂的：「孤陰則不生，獨陽則不長」的自然律。孤陰既不生，獨陽既不長，必須陰陽交合，或男女兩種性細胞結合，始能產生子女，以延長本身生命。此種性細胞的結合，雖不必於家庭中實行；但由結合所產生的子女必須於家庭中始能長成—尤其是圓滿的長成。「兒童公育」既是一種錯誤的思想，「托兒所」的設置亦不是一種理想的辦法。因此家庭爲實現個人永遠生存所必需，爲人生所不可避免的麻煩—倘使牠是一種麻煩的話。

同時每個民族份子，實際上只是半個人。半個人不但不能單獨產生子女，而且不能單獨生活。因半個人不能單獨生活，所以每個人生來都有家庭傾向或本能—如異性本能、親愛本能之類。此種家庭傾向或本能，可謂爲民族所給予的義務，亦可謂爲民族所給予的權利。因家庭傾向或本能爲民族所給予的義務與權利，所以每一個人的生活必須於家庭中始能圓滿。其過獨身生活的人，不是感覺緊張，便是感覺空虛。因此家庭即是一種束縛，也是不可避免的束縛。

因家庭不但爲個人實現永遠生存的機關，亦且爲個人圓滿生活的場所，所以家庭對於個人亦異常重要。因家庭對於個人亦異常重要，所以歷來個人除極少數變態者外，無不生活於其家庭。家庭對於民族與個人均異常重要，所以在家庭生活中不能不有一種合乎道德的制度與合乎道德的行爲。玆另目分析之於後。

第二目　家庭中的道德制度與規律

根據上面研究，足知家庭爲民族新生命製造的場所，亦爲個人生活圓滿的地方。因家庭爲民族新生命製造的場所，所以成立家庭或結婚爲每一個人應有的義務。因家庭亦爲個人生活圓滿的地方，所以結婚，或成立家庭，亦爲每一個人應有的權利。結婚或成立家庭既爲每一個人應有的權利和應盡的義務，所以代表民族的國家應當因時、地之宜，規定一種適當的婚姻制度；務使身心健全的成年男女，均有結婚的機會。雖在正常狀況之下，男女數量大概相等，即一百零五男對一百女，一夫一妻制最合理想。但有些時候（如大戰之後）有些地方（如中國西藏），或女多於男，或男多於女，均不妨變通辦理，務使人人有享受結婚權利的機會。國家既予人人以結婚的機會，則個人除身心有痼疾者外自應實行結婚。否則即爲逃避義務。社會對於此種逃避義務的人，應該予以鄙視；國家對於此種逃避義務的人，亦應該予以制裁，如征收獨身稅或剝奪一部份公權之類。至於賣淫制度，不但破壞民族健康，亦且敗壞民族道德，應該絕對禁止。

至於健全成年男女誰嫁誰娶，則完全聽其自由選擇，不受任何他人或機關之直接或間接干涉；其不由男女雙方自主之婚姻，道德法律均應認爲無效。但既經自由選擇結婚以後，則當勵行終身同居。除非某一方面經檢查證明無生育能力者外，絕對不許離婚。否則離合無常，不但影響子女的撫育，亦且擾亂社會的安甯。但夫婦雖應勵行終身同居，成年或結婚的子女却不必與父母同居。成年或結婚的子女不但不必與父母同居，而且應該脫離父母而自立。否則不但加重父母的負担，而且減低子女的進取精神，對本身對社會均屬有害而無益。這是合乎道德的家庭制度。

但合乎道德的家庭制度僅是一種形式（form）或骨架。要這種形式有充實的內容，或這種骨架能充分發揮其作用，必須家庭中的各種份子均有適當的相互關係，或合乎道德規律的行爲。家庭中各份子間的關係最主要者爲夫婦、親子、兄弟姊妹、族戚、主僕等。

夫婦爲一家之主，所以要家庭生活圓滿，必須夫婦關係圓滿，要夫婦關係圓滿，必須夫婦互相敬愛。在一般舊式家庭中，尊男卑女，婦對於夫必須敬愛，如「三從四德」，而夫對婦可以不必敬愛；在有些新式家庭中，恰恰相反，夫對婦必須敬愛，而婦對夫可以不必敬愛，皆屬不合道德。這些行爲所以然不合乎道德，即因男女均爲民族之一份子。本來人格完全相等；在結婚以後，雖或職業稍有不同：如或從事主婦或母親職業，或從事教育、政治、經濟、或學術職業，但均爲社會分工，并不表示價值有所軒輊。夫婦人格價值既然相等，則自應互相愛護對方的身體，互相尊重對方的人格。倘使夫婦之間能互相愛護對方的身體，互相尊重對方的人格，則夫婦生活自可圓滿。

但家庭目的，雖在謀夫婦雙方生活的美滿，尤在謀子女的生育，以實現本身與民族生命的持續。因家庭主要目的在謀生育子女以實現本身及民族生命的持續，所以凡已結婚的男女，除非本身具有惡劣遺傳質，或其他特殊狀況，經國家醫生檢查不許生育或免除生育者外，均應努力於子女之生育。其結婚而實行避孕的人，只享受家庭權利不盡家庭義務，較之獨身尤不道德；社會應加鄙棄，法律應予制裁，如征收無子稅，或剝奪一部份公權之類。結婚男女不但應該努力生育子女，尤當努力教養子女，此即過去所謂的慈。倘使生而不養，養而不教；則或增加社會罪惡，或養成爲害社會的份子，其違反道德較之獨身與避孕爲尤甚。父母不但應該努力教養子女，而且無條件地努力教養子女。所謂無條件地教養子女，即教養了子女並不希望子女有何囘報。父母教養子女所以然不能期待囘報，即因爲一方面子女與本身爲一體，本身教養本身既不期待囘報，父母教養子女自亦不能期待囘報；另一方面，生育和教養子女是一種義務，盡義務等於還債，還債不能期待囘報，則父母教養子女自亦不能有所期待。過去有些父母以子女爲私產，可以予取予求；其錯誤如丈夫以妻子爲私產，可以爲所欲爲一樣。但父母教養子女雖不期待子女有所囘報，或無條件地慈愛；但子女對於父母却不能不有所囘報，或盡可能的孝敬。子女對父母所以然必須有所囘報，或盡可能地孝敬；即因父母爲自身所從出，父母的身體即爲本身的身體，父母的人格即爲本身的人格。本身既不能不保養本身的身體，即不能不保養父母的身體；本身既不能不尊重本身的人格，自不能不尊重父母的人格。否則不孝父母等於虐待自身，不敬父母等於自暴自棄。虐待本身與自暴自棄均爲不道德。

至兄弟姊妹同爲父母所生，雖年齡、性別有所不同，其先天秉賦大多相等，卽均爲父母性細胞的結合。兄弟姊妹既同爲父母性細胞的結合，本身原爲一體，本身既原爲一體，則自應互相親愛，否則虐待兄弟姊妹，不但等於虐待父母，亦且等於虐待本身。虐待父母或本身均爲不道德，則虐待兄弟姊妹自亦爲不道德。至於族戚則爲兄弟姊妹範圍的擴大。族戚既爲兄弟姊妹範圍的擴大，則對兄弟姊妹既應親愛，對於族戚亦應親愛。對兄弟姊妹的親愛，卽爲仁愛在家庭中的應用。前面所講的仁愛既有一定限度，則親愛自亦有一定限度：卽既不能完全犧牲本身以爲他人，尤不能妨礙他人之自主 至中國歷來盛行的族戚主義（nepotism），不但有傷道德而且危害民族，亟應加以剷除。

在家庭中往往有一部份人既無血統關係又營共同生活，此卽普通所謂的僕役。僕役雖隨家庭範圍的縮小與家庭工作的簡單化而逐漸減少，但完全免除似不可能。僕役既爲一部份家庭所不可缺少，則主僕之間亦應有一種適當關係 過去一般家庭不但視僕役爲奴隸，而且待之如犬馬，實異常違反道德。實際上僕役亦爲民族之一份子，其本來人格與主人、主婦相等；至其所從事的工作性質雖與主人、主婦有所不同，亦爲社會分工；並無所謂價值的差別。僕役的人格既與主人、主婦相等，則主人、主婦對於僕役自應愛護其身體，尊重其人格。而僕役既以僕役爲職業，亦自應盡其職守，以報答主人。這是家庭中的道德制度與規律。茲進而分析學校中的道德制度與規律。

本節參考書：

1. 汪少倫：民族哲學大綱，第二章，第三節，第一目；
2. 汪少倫：中國之路，下篇，第五章，第三節，第一目；
3. 遠藤隆吉：東洋倫理學，第二編，第一章，第一節；

4. J. Dewey and Tufts: Ethics, p. Ⅲ, ch. ⅩⅩⅣ;
5. C. L. Barrett: Ethics, ⅩⅢ;
6. K. E, Kirk: personal Ethics, Ⅱ;
7. H. Driesch: Ethical Principles, Ⅱ 4.A.B;
8. Kirchwey(Editor): The Changing Morality;
9. H. Bosauguet: The Family;
10 Fr. Paulsen: system der Ethik, Ⅱ Bd. ⅣB. Ⅰ;
11 H. Hoffding: Ethik, ⅩⅣ—ⅩⅩⅡ;
12 Fr. W. Foerster: Sexualethik und Sexual Pädagogic;
13 Riehl: Die Famlie;
14 E. Veron: La Morale, Ⅳ P. Ch.Ⅰ, Ⅱ。

第二節　學校中的道德制度與規律

第一目　學校之意義及其重要

所謂學校，簡言之，即爲師生的結合體。此種結合體與家庭的性質極多相似：如教職員極似家庭中的父母，學生極似家庭中的子弟，同學極似家庭中的兄弟姊妹……。但學校的性質雖與家庭極多相似，作用則完全不同：根據上節分析，足知家庭爲生育民族新分子的地方，爲民族先天質傳受的場所；其主要作用在實現民族的生存，類似經濟生產方面的農場。學校爲改造民族新份子的地方，爲民族後天質或文化經驗，如習慣、觀念、知識、技能等傳受的場所，其主要作用在實現民族的自由，類似經濟生產方面的工廠。此即苛曼利斯（Comenius）所謂：「學校爲人性的工廠」。各種民族後天質或各方面文化經驗，或爲安定民族社會生活的基礎，其著者如共同習慣與共同觀念；或爲積極適應民族環境與自然環境的工具，其著者如知識與技能。民族社會生活安定與各種環境積極適應又爲實現民族自由之前提。所以學校，正確一點講，實爲製造民族自由的工廠，尤其是富有研究性的大學。

進一步來講，學校不只是消極地傳受民族後天質，而且積極的改造民族後天質。學校所以然能改造民族後天質，即因學校幷不是盲目地將過去所有的習慣與觀念、知識與技能毫無選擇地傳授與民族後輩，乃多加以整理、選擇與吸收。如對於合乎時宜的習慣與觀念，知識與技能則加以提倡，使其更加發展；對於不合時宜的習慣與觀念、知識與技能則加以淘汰，使其逐漸消滅。對異民族的習慣與觀念、知識與技能亦加以比較與吸收。在此種整理、選擇、比較、吸收當中，可以形成一種新的習慣與觀念、知識與技能。由這種新的習慣與觀念、知識與技能，可以形成一種新的文化，新的歷史。所以就這一方面講，學校亦爲民族歷史製造的工廠。

學校爲民族自由製造的工廠，亦爲民族歷史製造的工廠。前面曾經講過，民族自由爲民族生存的目的，其無自由的或奴隸式的生存還不如不生存。民族歷史又爲民族自由的客觀化，其無獨立歷史的民族即爲無自由的民族。因此學校對於民族異常重要，其量的多少、質的優劣，常足影響民族之盛衰、存亡。

學校不但對民族異常重要，對於個人亦異常重要。學校所以然對於個人亦異常重要，即因個人最高目的在於直接實現本身的生存與自由，間接以實現民族的生存與自由。而學校裏面的體格教育可以使個人各方面的身體適當發展，以得到生存的基礎；技能教育可以提高個人創造能力，以增加生存資料。換句話講，即體格教育與技能教育可以促進個人生存之實現。至學校裏面的習慣教育或訓育，可以給予個人適應社會的能力，知識教育與藝術教育不但使個人生活的時間與空間可以儘量擴大，而且可以使個人在某一定時間以內完全脫離時間與空間的限制，如沉醉於學術或藝術享受的時候。換句話講即學校裏面的習慣教育、知識教育與藝術教育可以促進個人自由之實現。

學校對於民族與個人均異常重要，所以在學校生活中不能不有合乎道德的制度與規律，茲另目加以分析。

第二目　學校中的道德制度與規律

如上所論，學校爲民族自由與民族歷史製造的場所，對於民族與個人均異常重要。因此代表民族的國家不但應當極端重視學校或教育，而且應當集中教育大權於本身。不但他國人士不許在我國領土以內私辦學校，即本國人士私立的學校亦應嚴格加以限制。如此方能保障民族自主與民族統一。但國家的教育權不但須委託有教育修養與教育熱忱的民族份子來行使，並且應該在某種範圍或教育法令規定以內，自由行使。因爲教育由於教育學術的進步，已逐漸專業化。教育既逐漸專業化，教育專家自應享有相當自主權，否則便無以實現其製造民族自由與民族歷史的使命。同時此種爲民族國家所設立的學校，各個民族份子均應有享受的權利或義務：如國民教育與初級職業教育，人人必須享受，固無論已；即中等以上學校的教育亦應當以資質爲惟一選擇的條件。其資質優良的民族份子，無論如何貧賤，亦必予以享受高級教育之機會；其資質低劣的民族份子，無論如何富貴，亦不許其夤緣上進。因學過其才，則食而不化，學而無用，養成一般高等遊民，辜負個人應有使命；不但對民族是一種極大的損失，而且對個人亦增加痛苦，眞是害公不利己！

至於此種學校的量質，應該斟酌民族社會的需要，隨時改進：除國民學校與初級職業學校應該儘量設立，俾人人均有機會享受外；中等以上學校應該與各方面文化之進展，緊相配合；務使所教育出來的學生都有致用的機會，都有致用的智能。欲使所教育出來的學生都有致用的機會，必須實行計劃教育；欲使所教育出來的學生均有致用的知能，必須慎選教材。否則或求過於供，或供過於求，或學校與社會脫節，均足危害民族之自由。這是關於學校中的道德制度。

關於學校中的道德規律可以分爲教職員、師生、同學三方面來講：學校最主要的使命爲教育學生。直接教育學生者爲教員，所以教員在學校中佔領最重要的位置，好像工廠內面各種工作機器一樣。但教員爲便利其實施教育，本身既不能不有組織，又不能不有他人作事務方面的輔助。此種主持組織、實行輔助的人，即普通所謂的職員。因此職員雖工作的性質與教員多所不同，其重要的程度相等。換句話講，即學校中教職員的關係，好像家庭中的夫婦關係一樣。夫婦爲一種分工，教職員亦爲一種分工。教職員既爲分工，自應合作，不能如過去之互相歧視、互相磨擦、甚至於互相衝突。

同時學校的主要使命既爲教育學生，所以教職員雖爲學校中的主人，學生實爲學校中的目的；好像父母爲家庭中的主人，子女爲家庭中的目的一樣。師長既爲學校中的主人，學生又爲校中的目的，所以師生爲構成學校的兩個柱石。要使一個學校合乎理想，必須使師生關係合乎道德。要使師生關係合乎道德，必須師守師道，生守生道：所謂師守師道，卽係師長應該竭力教導學生、撫育學生；好像父母之竭力教導子女和撫育子女一樣。同時此種竭力教導學生與撫育學生，係爲民族傳道（民族後天實或文化經驗），或爲民族製造自由，并非對於學生施惠；好像父母之竭力教導和撫育子女，係爲民族延長生命，并非對於子女施惠一樣。師長教導和撫育學生既不是對學生施惠，自不能希望學生有所回報，好像父母教養子女并不希望子女有何回報一樣。所謂生守生道，卽係學生應該極端尊重師長。學生尊重師長，并非尊重師長本身，乃爲尊重其人格與學問，此卽過去所謂的「重道」。必須重道才能盡心學道，盡心學道纔能得道 換句話講，卽必須學生極端尊重師長的人格，然後才能受其感化；必須學生極端尊重師長的學問，然後才能努力學習。否則言之諄諄，聽之藐藐，根本不能發生教育作用。

上目曾經講過，同學的關係頗似家庭中的兄弟姊妹。同學的關係既如家庭中的兄弟姊妹，自亦應該和兄弟姊妹一樣，互相親愛。但同學雖應互相親愛，却不可互相援引——尤其是不公平或不正當的援引。這種不公平或不正當的援引，不但違反正義以破壞道德；而且擾亂社會秩序，以危害民族的生存與自由。

至學校的工友則等於家庭中的僕役。上節曾經講過，僕役亦 民族的一份子，具有生存與自由的權利；其工作性質不同，實爲社會分工。主僕既爲社會分工，員工自亦爲社會分工。員工既亦爲社會分工，則工友雖應盡忠職務以服務員生，員生亦應愛護工友的身體，尊重工友的人格。這是關於學校中的道德規律。茲進而分析社團及友誼中的道德制度與規律。

本節參考書：

1. 汪少倫：民族哲學大綱，第一章，第二節，第三目；
2. 汪少倫：中國之路，下篇，第四章，第二節，第三目；
3. 汪少倫：訓育原理與實施；

4. A. K. White and A. Macbeath: The Moral Self, ch. IX, X.
5. K. E. Kirk: Personal Ethics, II.
6. J. M. Mecklin: An Introduction to Social Ethics ch. XIV
7. E. Veron: La Morale, IV, P. ch. III-V。

第三節　社團及友誼中的道德制度與規律

第一目　社團中的道德制度與規律

所謂社團係指家庭、學校與國家間的各種社會組織或團體：如地方團體、婦女團體、職業團體、政治團體、經濟團體、學術團體、娛樂團體、宗教團體之類。

這些團體將一個社會中所有的成人，或依據其地域、或依據其性別、或依據其職業、或依據其政治主張、或依據其經濟利益、或依據其學術修養、或依據其藝術嗜好、或依據其宗教信仰，加一種普遍幷嚴密的組織；一方面提高各個人對民族創造的能力，另一方面使國家組織有一種中堅基礎，對於民族生存與自由的實現，異常重要。同時文化發達日趨複雜，社會競爭日趨激烈。個人能力單薄，既不足以適應文化的發展，尤不易戰勝激烈的競爭；必須有一種社會團體的組織，方能羣策羣力，以達到共同目的。因此各種社會團體的組織對於個人的生存與自由的實現亦異常重要。

各種社會團體的組織對於民族與個人既均重要，所以代表民族的國家對於各種社會團體不能不加以輔導與監督，以使其健全者得到儘量發展，其不健全者不致釀成罪惡。但國家對於各種社會團體雖應加以輔導與監督，却不可過分予以強迫：如或強迫人民參加其無興趣的組織，或強力解散其有興趣而對民族生存與自由亦無危害的組織之類。這種過分強迫是無效果的，亦是不道德的。換句話講，即國家對於社會團體應當採取適當放任制度，以使其自由發展，殊途同歸。在各種社會團體自由發展的過程中雖不免有時要發生磨擦或衝突。但此種磨擦或衝突只要不引起武力鬥爭，或破壞民族和諧，不但無害，而且有益。因矛盾與和諧同為宇宙萬象構成之本質，亦同爲宇宙萬象發展之條件。中國過去兩三千年來文化發展不及歐洲之速，主要的原因，卽爲和諧過多，矛盾過少。和諧過多，矛盾過少，卽易陷於停滯。

各種社會團體旣由個人自動參加或組織，則個人對於其所參加或組織的團體自不能不儘量努力，以使其能達到預期的目的。否則辜負團體卽等於辜負本身。但個人對於其所參加或組織的團體雖應儘量努力，必須牢記：這些組織不過爲直接或間接實現民族生存與自由的工具，并非本身自爲目的。因這些組織不過直接間接爲實現民族生存與自由的工具，所以個人對於所參加或組織的團體雖應儘量努力，却不可以對某種團體的努力來代替對民族的努力，尤不可以對某種團體的努力去危害民族的利益。否則不但辜負團體、辜負本身、辜負民族，而且成爲民族的罪人！

各種社會團體，或爲共同地域、或爲共同性別、或爲共同職業、或爲共同主張、或爲共同研究、或爲共同嗜好、或爲共同信仰人的結合，以謀實現某種目的，如共同利益、共同志願、共同滿足之類。各種社會團體中旣有共同基礎，又有共同目的；則凡某個社團中的各份子自有一種密切的關係。一個社團中的各份子旣有密切關係，自應互相親愛輔助，好像兄弟族戚間應該互相親愛輔助一樣。但同一社團中的各份子雖應互相親愛輔助，旣不可徇私害公，尤不可朋比爲奸；好像兄弟族戚間雖應互相親愛輔助，却不可徇私害公一樣。

各種社會團體旣爲一種組織，自必有其領導者與被領導者。領導者與被領導者雖在某個社團中所佔領的地位不同，其利害實完全一致。因領導者與被領導者的利害完全一致，所以領導者的成功也就是被領導者的成功，領導者的失敗也就是被領導者的失敗。因領導者的成功就是被領導者的成功，領導者的失敗就是被領導者的失敗；所以被領導者對於領導者應當竭誠擁護，盡力贊助；旣不可陽奉陰違，尤不可朝秦暮楚。反過來講，被領導者的成功也就是領導者的成功，被領導者的失敗也就是領導者的失敗。因被領導者的成功也就是領導者的成功，被領導者的失敗也就是領導者的失敗；所以領導者對於被領導者應當儘量愛護，儘量扶助；旣不可視其爲手段，尤不可奪取其利益。這是社團中的道德制度與規律。茲進而分析友誼中的道德規律。

第二目　友誼中的道德規律

所謂友誼就是同德、同心或同益人的結合。由同德所結合的友誼，就是中國普通所謂「道義之交」，亞里士多德(Aristotle)所謂「德行之友」(Friend of Virtue)。「道義之交」或「德行之友」完全以對方之人格爲結交對象，結交自爲目的，不帶其他任何作用，易於長久，爲友誼之最高境界。此種友誼極不多見，如中國的李白與杜甫，英國的德力生(Tennyson)與哈南 (Hallam) 庶幾近之。由同心所結合的友誼，就是中國普通所謂「情感之交」，亞里士多德所謂「快樂之友」(Friend of Pleasure)。「情感之交」或「快樂之友」完全以對方之性格(Character)、思想(Thought)、嗜好(Taste)等爲結交對象。性格、思想與嗜好比較人格容易變遷，所以「情感之交」亦較「道義之交」難於長久。但此種友誼雖難於長久，亦多自爲目的，可謂爲友誼之次等境界。此種友誼以在青年中最爲普遍，年齡愈長，此種友誼亦逐漸減少。由同益所結合的友誼，即中國普通所謂「利害之交」，亞里士多德所謂「有益之友」(friend of utility)。「利害之交」或「有益之友」，或由於知識交換，或由於能力相濟，或由於經濟相助，以形成密切的結合：如學問上的朋友、事業上的朋友、經濟上的朋友之類。知識、能力、經濟等更富於變遷性，所以此種友誼尤難持久。同時此種友誼不但難於持久、而且帶有友誼以外的目的，爲友誼之最低境界。此種友誼在成年人中最爲普遍，即歷來所認爲模範的友誼：如管、鮑與劉、關、張均難免帶有此種色彩。這三種友誼境界的劃分，不過爲研究方便起見，實際上友誼的結合常含有各種成分，不但外人不易斷定其屬於何種境界，即自身亦不易察覺。

同時友誼境界，或友誼結合的動機，雖不同，其對個人的重要則一。友誼對於個人所以然重要，即因人類是一種好羣的動物。因人類是一種好羣的動物，所以人類生來雖表面上具有一個獨立身體，但向外開有許多窗戶，如眼、耳、口、身之類。因個人向外開有許多窗戶，所以個人不但必須與他人發生種種關係：如眼要看人，耳要聽人，口要告訴人……；而且必須與他人發生種種密切的關係：如眼不但要看人，而且要看其所喜歡看的人；耳不但要聽人，而且要聽其所喜歡聽的人；口不但要告訴人，而且要告訴能瞭解和同情他的人……。所以心靈共鳴是人生極大快樂之一，也是朋友重要的一種證明。反過來講，看見朋友的舉止，可以促進我人格的修養；聽到朋友的談話，可以豐富我生活的內容；告訴朋友的計劃，可以得到朋友的幫助……。所以多得一個朋友等於豐富一倍人生意義，增加一倍創造能力……。就這方面講，朋友對於個人尤其是重要。因朋友對於個人異常重要，所以中、外倫理學家對於友誼無不極端重視：如中國過去倫理學家以朋友爲五倫之一，希臘伊壁鳩魯學派甚至以友誼代替國家。因朋友對於個人異常重要，所以交友不能不有各種道德規律。

關於交友最主要的道德規律有二，一爲公開，一爲互諒：所謂公開，即各人心中所想到的、所感到的、和所計劃到的，都全部告訴朋友，不稍保留，此即孔子所謂之「友直」。因「人之相知，貴相知心」。要相知心，必須雙方將心中所有的一切全盤托出，才能達到。倘使雙方互相高深其「城府」，則一切不相知道，何能瞭解？不能瞭解，何能共鳴？不能共鳴，何能相助？如此還算什麼朋友？所以公開爲交友的主要條件。不但對朋友有關係的事情要公開，即對朋友無關係的事情也要公開。而對朋友如有誤會，尤應公開。公開了以後，可以互相解釋，互相瞭解。否則記恨在心，不但妨礙友誼之進展，而且易致友誼於死亡。所謂互諒，即遇到某一方面有過失時，儘量予以原諒，不因細故而犧牲寶貴友誼，此即孔子所謂之「友諒」。原諒對交友亦異常重要。因人類好像叔本華所謂的「雪裏刺猪，離遠了覺得冷，擠緊了又刺得痛。」朋友既爲人類最密切的關係，則朋友間想一點矛盾都沒有，幾爲不可能之事；好像夫婦，兄弟間不能盡免小的口角和小的爭鬧一樣。朋友既不能盡免小的矛盾，貴在能互相原諒。倘使胸懷褊狹，稍不如意，不但馬上犧牲友誼；而且以友爲敵，攻訐破壞無所不爲。此種人不配與任何人交朋友，亦無人敢與之交朋友！

至於仁愛與誠實爲對待一般人應有的道德；對於朋友尤當徹底執行。眞正朋友，實如亞里士多德所謂，爲第二個我。朋友既爲第二個我，則愛護朋友即等於自愛，虐待朋友即等於自暴；對朋友誠實等於對自己誠實，欺騙朋友亦等於自欺。自暴與自欺爲有德者所不爲，所以對朋友尤當仁愛與誠實。這是關於交友的道德規律。茲進而分析國家中的道德制度與規律。

本節參考書：

1. 馬肖榮著，溫公頤編譯：道德學，第四編，第二章；
2. 遠藤隆吉：東洋倫理學，第二編，第一章，第三節；
3. N.K. Davis: Elements of Ethics, II. P. III;
4. Mackenzie: A manual of Ethics, Book III, ch. II;
5. W. Wundt: Ethics, vol. III, P. IV, ch. II;
6. H. martin: A Philosophy of Friendship, P. V;
7. Fr. Paulsen: System der Ethik, II, Bd. IV B. II;
8. E. Veron: La morale, IV, P. ch. VIII。

第四節 國家中的道德制度與規律

第一目 國家之意義及其重要

國家爲民族最高的組織，亦爲民族整個的組織。因國家爲民族最高幷整個的組織，所以上面所講的各種較低或部份的組織，如家庭、學校、社團等，統應受國家的領導或監督。各種較低或部份組織所以須受國家的領導或監督，即因這些組織的性質和地位雖各不相同，其最高目的則一：即直接實現各個份子的生存與自由，間接以實現民族的生存與自由。欲使這些性質不同、地位各異的部分組織能互相協作以實現共同目的，必須國家爲之領導、監督，俾能分別努力，殊途同歸。否則或互相侵蝕，或互相鬥爭；不但不能實現共同目的，而且自相消滅。所以就這方面講，國家可謂爲民族安內以實現其生存的工具。

同時一個民族欲實現其生存與自由，不能不寄託幷利用某一部份地面。某一部份地面給與民族各種生存的資源，亦給與民族各種自由的障礙。一個民族欲能利用此種資源，戰勝此種障礙，必須有一種最高設計，俾能因時制宜、因地制宜，以積極適應或征服。而同時生息於地面者有許多不同的民族。這許多不同的民族，既不能互相脫離關係，又不能完全避免衝突。如是，民族與民族之間形成不斷的競爭與鬥爭。一個民族欲戰勝此種競爭與戰爭，必須有一種最高指揮以集中力量，以統一步調。否則或不能發展文化以奴隸於自然；或不能戰勝侵略，以奴隸於異族。此種最高設計和最高指揮的機關，卽普通所謂的國家。所以就這方面說，國家可謂爲民族攘外以實現其自由的工具。

進一步來講，國家不但爲民族實現其生存與自由的工具，亦且爲民族人格的具體化。前面曾經講過，人格的本質爲心靈，心靈的本質爲自由。而一個國家均享有一種主權，或對內對外可以依照其本身意志，自由作爲一切。此種依照本身意志自由作爲一切的自由，卽爲民族人格的表現。因此無國家組織的民族，亦等於無自由的民族；喪失國家主權的民族亦等於喪失人格的民族！

因國家不但爲民族安內攘外，以實現其生存與自由的工具，亦且爲民族人格的具體化，所以國家對於民族異常重要。因國家對於民族異常重要，所以歷來民族，無不一方面儘量努力以保護其國家，或恢復其國家：一部世界史可謂爲民族鬥爭的記錄，亦可謂爲民族保護其國家或恢復其國家的記錄。另一方面儘量努力以改善其制度，以嚴密其組織。而其制度能否完善，組織能否嚴密，亦爲各民族盛衰存亡的關鍵。各民族歷史多以政治史爲內容，而政治治亂亦爲某個民族盛衰的樞紐，卽可證明。

同時國家不但爲民族實現其生存與自由的工具，亦且爲個人實現其生存與自由的工具。倘使一個民族無國家組織，無法律規定；則衆得以暴寡，強得以凌弱，形成霍布斯所謂：「人人相爭的狀態。」人人相爭，不是相殺，便是相制。相殺則無以實現個人之生存，相制則無以實現個人之自由。因此個人的生存與自由必須於國家中方能實現。個人的生存與自由必須於國家中方能實現，所以國家對於個人亦異常重要。

國家對於民族與個人均異常重要，所以國家中，不能不有合乎道德的制度與規律。茲另目加以分析。

第二目　國家中的道德制度與規律

如上所論，國家一方面爲民族安內攘外，以實現其生存與自由的工具；另一方面又爲民族人格的具體化。

因國家爲民族安內攘外，以實現其生存與自由的工具．所以代表國家的機關或政府必須有能。蓋必須有能，然後才能適應時、地需要，爲種種合宜措施，以達到安內攘外的目的。否則優柔寡斷，內不能安，外更不能攘，民族的生存與自由卽無由實現。同時因國家爲民族人格的具體化．所以代表國家的機關或政府必須能代表民族意志。前面曾經講過，某時期的民族生活於其某時期的份子。所謂能代表民族意志，卽爲能代表某時期人民的意志。蓋必須政府能代表某時期人民的意志，然後政府的意志才與民族意志相一致。政府意志與民族意志相一致，然後政府才爲民族國家的政府。否則政府爲政府，人民爲人民，上下脫節，卽不能謂之眞正政府。

欲使政府一方面有能．另一方面又能代表民族意志，必須實行級分民主：所謂級分民主，卽以各級政權爲各級民族分子所公有，而各級政權應由各級民族份子選出健、賢、知、能，或民族優秀份子，分別行使。例如最高政權或中央政府，應由各種職業中最高級，或以全國爲事業範圍的民族份子：如大學教授、高級文武官吏、各大規模農、工、商業的主持者、思想家、發明家、藝術家等共同選出若干最智的份子主持最高設計，一二最能的份子主持最高執行或領導，若干最賢的份子主持最高監督。其他各中下級政權，或各級地方政府，應分別由各種職業中中下級，或以某地方爲事業範圍的民族份子，選出各地方最智、最能、最賢的份子，分別主持各中下級的政治業務，如各地方的設計、執行、監督之類。各級民族份子的選舉權雖各僅一次，但各上級的民族份子得膺各下級的選舉。各級被選份子的在職期間雖不宜過長，但須無限制地得連選連任。

各級政治負責人員既爲各業各級份子所選舉，則各級政府自能代表各業各級份子的意志。而在人人必有一業，僅有一業時，凡非已老倘幼或殘廢的份子均須從事於某一種職業，卽所有能創造的份子均須寄託於某一職分或級分。如是各職分級分的總和便爲從事創造或積極份子的全體。而各級政府的總和亦爲全體積極民族份子的表現。因此級分民主能代表全體積極民族份子的意志，卽等於代表全民族的意志。同時各級政治負責人員旣爲各業各級份子所分選。而在正當登庸制度之下，級分的高低完全以健、賢、智、能的程度爲根據。如是級分愈高、或事業範圍愈大的份子亦爲愈健、賢、智、能、或愈優秀的分子。優秀份子自然能認識與敬仰優秀份子。如是由各級分選舉出來的政治負責人員必為某時期或某地方最優秀、或最健、實、智、能的份子。因此級分民主又能使政治主持得人、級分民主既能使政府主持得人或有能，又能代表民族意志，所以級分民主為最理想的政治制度，亦為最合乎道德的政治制度。

如上所論，國家為民族與個人實現生存與自由的工具，亦為民族人格的具體化。國家既為民族人格的具體化，所以民族是絕對的或至上的，國家亦為絕對的或至上的。國家既為絕對或至上的，所以每個國民應該絕對愛護國家。而愛護國家亦等於愛護民族的人格、愛護民族人格亦等於愛護祖先、子孫和本身的人格。所以愛護國家是一種最高的道德。反過來講，不愛護國家或背叛國家，等於出賣民族人格。出賣民族人格等於出賣祖先、子孫和本身的人格。所以背叛國家是一種最大的罪惡。政府為國家的機關，亦可謂為國家的具體化，所以人民既要愛護國家，亦當服從政府——尤其是上面所講的能代表民族意志的政府。至於不能代表民族意志的政府，則其本身已失去政府應有之本質，不能認為真正政府。既非真正政府，不但不應服從，而且應該起而反抗。所以真正代表民族意志的革命是合乎道德的。

政府為謀實現安內攘外的使命，不能不有各種適當的活動。為使人民個個瞭解并知執行這些活動，不能不將這些活動本身製成各種法律：如憲法、行政法、兵役法、民法、商法之類。這些法律既為代表民族意志的政府所製定，即等於民族意志的客觀化。法律既為民族安內攘外的工具，又為民族意志的客觀化，所以人民對於法律必須絕對遵守。否則違法不但妨礙民族安內攘外，而且侵犯民族人格。因此犯法不但應受國家之處罰，亦且應受良心之制裁。進一步來講，人民不但應當絕對守法，而且應當努力護法。所謂努力護法，即遇到他人違法，必加以干涉。因法律為國家安內攘外的主要工具，所以他人違法必致擾亂社會。擾亂社會直接以危害民族的生存與自由，間接以危害本身的生存與自由。同時因法律為民族意志的客觀化，所以他人違法等於侵犯民族意志，亦等於侵犯我本身的意志（我為民族的一份子）。所以無論　維護本身的生存與自由，抑為維護本身的意志，均不能坐視他人犯法而不顧。所以「各人自掃門前雪，莫管他人瓦上霜」的信條，只適用於個人主義的社會，不能應用於民族主義的社會。

政府安內攘外的活動，不能不有各種人員來執行。此種人員卽普通所謂的官吏、官吏爲執行政府安內攘外活動的人，亦可謂爲民族國家的代表人。官吏既爲民族國家的代表人，所以人民對於官吏，不能不尊重服從。否則侮辱官吏等於侮辱民族、國家。侮辱民族國家爲一種不道德，侮辱官吏亦爲一種不道德。這是就人民方面講。

就政府或官吏方面講，官吏爲執行政府業務的人員，政府爲國家的機關，國家爲民族人格的具體化，所以政府或官吏爲民族的代表人。政府或官吏既爲民族的代表人，代表決計不能背叛其所代表的人，所以政府或官吏不能不絕對代表民族意志。而某時期民族生活於其某時期的份子，因此所謂政府或官吏應當絕對代表民族意志，卽代表某時期全體民族份子的意志。此卽過去所謂的：「天聽自我民聽，天視自我民視」。政府或官吏既應代表民意，則凡民意所歸的人均可爲官吏，此卽普通所謂的：「天下爲公」。亦只是民意所歸的人始可爲官吏，既不能憑藉武力或暴衆，尤不能視天下或政權爲一部分人的私產。倘使政府或官吏不能代表民意，則官吏與人民脫節，官吏卽變爲政權的篡奪者(Usurpator)。政權篡奪者卽孟子所謂的「一夫」。對於「一夫」不但不必尊重、服從，而且可以得而誅之，此卽上面所講的眞正代表民族意志的革命。同時政府或官吏既爲人民的代表，代表者既不能不尊重其所代表的人，尤不能壓迫其所代表的人。因代表者不能不尊重其所代表的人，所以官吏不能不敬重人民。倘使官吏不敬重人民，等於喧賓奪主。因代表者不能壓迫其所代表的人，所以官吏亦不能壓迫人民。倘使官吏壓迫人民，等於以下犯上。喧賓奪主，以下犯上的代表，本身已離開代表的崗位。代表本身既離開代表的崗位，則被代表的人自可加以否認。

政府或官吏的使命爲實行安內攘外以實現民族的生存與自由。法律爲實行安內攘外的重要工具，所以官吏尤必須絕對守法。倘使官吏不守法，等於領導人民擾亂社會。以負責維持社會秩序的人，反而領導人民擾亂社會，不但辜負其本身所負有的使命，亦且危害民族的生存。所以官吏違法較之一般人民違法尤爲危險，亦尤爲不道德。

政府或官吏的使命，既在於為民族實行安內攘外，則自當竭盡所能以完成此種使命。此即普通所謂的，度德量力、盡忠職守。倘使官吏不能，或不願，完成其安內攘外的使命：如或能力薄弱，或包而不辦；必致內生混亂，外招侵略。內生混亂，外招侵略的結果，不是本身消滅，便被異族征服。所以誤國的結果等於賣國的結果，而誤國的罪惡亦等於賣國的罪惡。這是國家中的道德制度與規律。茲進而分析經濟中的道德制度與規律。

本節參考書：

1. 汪少倫：民族哲學大綱，第二章，第三節，第四目；
2. 汪少倫：中國之路，下篇，第五章，第三節，第四目；
3. 遠藤隆吉：東洋倫理學，第二編，第一章，第二節；
4. J. Dewey and Tufts: Ethics, P. Ⅲ, ch. XXI;
5. N. K. Davis: Elements of Ethics, Ⅱ, P. Ⅳ;
6. W. Wundt: Ethics, vol, Ⅲ, P. Ⅳ. ch. Ⅲ;
7. H. Driesch; Ethical Principles, Ⅱ 4. C.D;
8. Fr. Paulsen: System der Ethik, Ⅱ Bd. Ⅳ B. Ⅳ;
9. H. Höffding: Etbik, XXXⅣ—XL;
10 E. Veron: La Morale, Ⅳ P, ch. Ⅳ, Ⅶ,
11 B. Jacob: Devoirs, XⅤ。

第五節 經濟中的道德制度與規律

第一目 經濟之意義及其重要

所謂經濟係指直接為實現民族份子生存，間接以實現民族本身生存，各種物質資料的創造與享受。前面曾經講過，民族生活於其份子。因此欲實現民族本身的生存，必先實現民族份子的生存。但民族份子的生存必須經過細胞的新陳代謝，方能實現；而細胞的新陳代謝，必須有新的物質資料代替舊的物質資料，方能達到。但此種新的物質資料，由自然所供給者或不能用、或不夠用、或不合用；如是不能不用各種勞動，或改變其位置，如開發礦產、採伐林木，或增加其產量，如改良農業、發展漁業，或改造其形式，如鍊鋼鐵爲機器、製絲棉爲衣服、造五穀爲食品等。此種改變物質位置、增加物質產量、改造物質形式的工作即普通所謂的經濟生產。但各種生產工作不能不適應自然環境：如開發礦產，不能不適應地藏；改良農業不能不適應氣候、地勢與土壤，建設工業不能不適應各地特產（原料）。而各個地方的自然環境不同，各個地方的出產亦異。各個地方的出產相異，如是某個地方的出產或超過某地方的需要，或不足某地方的需要。各個地方的出產或有餘或不足，如是不能不有運輸與交換。私人運輸與交換即普通所謂的商業。生產完畢與運輸妥當的物品，不能不適當分配於各個家庭或各個份子，此即普通所謂的分配。每個家庭或各個份子將分配所得的物品，或用之於食，以免飢渴；或用之於衣，以禦寒冷；或用之於居，以蔽風雨，此即普通所謂的消費。因此經濟活動的過程雖四，其最高目的則一，即直接實現民族份子的生存，間接以實現民族本身的生存。

經濟使命爲直接實現民族份子或個人的生存。前面曾經講過，個人生存爲個人生活兩大目的之一，所以個人無不力求實現其生存。但個人生存由於生理構造，非利用物質資料不可。所以任何個人均不能離開經濟活動——尤其是消費或經濟享受。莊子所謂：「不食五穀，吸風飲露」的「至人」或「眞人」，一定不是現實世界的人。至現實世界的人，無不須食五穀、衣絲棉、居宮室；所以經濟生活對於個人生存異常重要。進一步講，經濟不但爲實現個人生存的工具，亦且爲實現個人自由的前提。前面曾經講過，生存爲自由的基礎，倘使無生存，便談不到自由。因此必須經濟生活或生存問題解決以後，方能自由作爲以表現自由。否則爲生計壓迫，言其所不願言，爲其所不願爲，便毫無自由可言。歷來倫理學家贊成私有財產，主要原因在此。至現在歐美資本家及中國軍閥、官僚等儘量擴充個人財產，更利用個人財產以操縱政治。這樣不但以經濟爲消極實現本身自由的工具，而且以經濟爲積極實現本身自由的武器。就這方面講，經濟活動，對於個人自由尤爲重要。

如上所論，民族生存於其份子。如是欲實現民族本身的生存必先實現民族份子的生存。倘使民族份子不能生存，民族本身亦歸於消滅 而民族份子的生存必須利用物質資料，所以民族欲增加其生存機會或擴大其生存範圍，不能不努力增加其經濟生產、便利其經濟運輸、合理其經濟分配與消費。而史實昭示，某個民族的生產愈進步，分配愈合理，其民族人口的增加亦愈迅速 反之，生產愈降低，分記愈不均，則其人口的增加亦愈遲緩。由此足見經濟生活對於民族生存亦異常重要。同時經濟生活不但對於民族生存異常重要，而且對於民族自由亦異常重要 經濟生活所以然對於民族自由亦異常重要，卽因爲必須國富而後兵始能強，必須衣食足而後禮義始能興，必須經濟不發生問題而後始能努力於學術研究、藝術創造、……。因此經濟生活對於個人與民族均異常重要。因經濟生活對於個人與民族均異常重要，所以在經濟生活中不能不有各種合乎道德的制度與規律，茲另目加以分析。

第二目 經濟中的道德制度與規律

如上所論，經濟不但爲實現民族與個人生存的資料，亦且爲實現民族與個人自由的工具。對於民族與個人均異常重要。欲使經濟能眞正完成其使命，或實現民族與個人生存與自由；必須一方面實行民族生產與運輸，另一方面實行平均分配與自由享受。欲使生產與運輸能成爲民族的生產與運輸，必須在消極方面集中生產與運輸大權於民族之手，在積極方面實行有計劃的生產與有計劃的運輸。

所謂集中生產與運輸大權於民族之手，卽在代表民族的國家範圍以內，所有一切大規模，或爲一個人或一家人所不能盡量運用的工廠、土地、道路、商店、銀行等統由國家直接經營。不但外國團體或個人在民族範圍以內，不能佔有其一個人或一家人所不能盡量運用的生產與運輸工具，卽本國私人亦當如此。否則卽難免於經濟侵略與經濟濫用。欲使大規模的生產與運輸盡由國家直接經營，必須取消或嚴禁大規模的私有財產，如大規模的工廠、土地、道路、商店、銀行之類。實際上這些大規模的工廠、土地、道路、商店、銀行等，無一不是民族的遺物：例如礦山、森林、水產、耕地等均爲歷代先人犧牲無量血力，一方面驅逐幷抵抗異族使其成爲我有，另一方面改造或開墾使其更加合用，並非個人勞動的結果，固無待論。即每一座較大規模的房屋，每一架較大規模的機器，亦不知經過多少同胞間接與直接的努力，如或供給經驗、或供給秩序、或從事設計、或從事工作之類。各種大規模的生產與運輸工具既均爲民族產物，自應爲民族所公有。同時這些大規模的生產與運輸工具均非一個人或一家人所能盡量運用。其有而不用，或用而不能盡量，均足減低民族生產與運輸能力，固無論已。即使能盡量運用，既難免不擾亂國家整個計劃，又易形成對同胞的剝削，以養成游惰習慣，亦足妨害民族生產與運輸的能力。因此大規模的生產與運輸工具亦必爲全民族所公有。至小規模或一個人、一家人所能盡量運用的生產與運輸工具，則不妨仍爲一個人或一家人所私有。因民族生活於其份子，份子享有小規模的生產與運輸工具即等於民族享有。同時私有小規模的生產與運輸工具只須加以管理：如必須本身正當并盡量運用，不能違法繼承……，亦不致於妨礙民族整個生產計劃與生產能力。

所謂實行有計劃的生產與運輸，即代表民族的國家斟酌全體人民各方面的需要，將所有生產與運輸能力，如土地、資本、勞力等適當分配於各種生產與運輸。務使本國所需要者，本國均能生產；同時本國所生產者，均爲本國所需要。本國所需要者，本國均能生產，則外國的東西我國可買可不買；在平時外人既無法對我實行侵略，在戰時更無法對我施行封鎖。本國所生產者均爲本國所需要，我國的東西可賣可不賣，在平時外人既無法影響我國的生產與運輸制度，在戰時更無法擾亂我國的生產與運輸組織。此即普通所謂的計劃經濟，與自足經濟。蓋必須有計劃經濟，然後才能避免私人資本主義最大的缺點——經濟恐慌；蓋必須有自足經濟，然後才能保障民族之眞正獨立。如此的生產與運輸，方可謂爲民族的生產與運輸。

如此由整個民族能力（前人、今人）所生產和運輸出來的東西，必須每個民族份子——有力而不用的游惰份子除外——均有平均享受的機會。欲使每個民族份子對於出產均有平均享受的機會，必須平均分配。欲得到分配平均。必須由代表民族的國家將每年全部民族出產，除去爲發展生產與運輸所必需的部份外，平均分配於全部民族人口。雖爲分配便利起見，不妨使用貨幣；但必須使每個民族份子實際的收入平等：不使過多，亦不使過少。其直接為國家服務的份子，如教育人員、政治人員、軍事人員、國營企業人員、醫藥人員等得由加減薪津以平均其收入，固無論已。卽間接為國家服務的份子，如自耕農、手工業者等，亦可由漲落物價、高低酬金、抽稅或補助等以調劑其收入。如此享受平均，各個民族份子成為利害共同，民族團結更加穩固。否則或財產過多，可以脫離本國而自存，如現代的大資本家；或毫無所有，對民族國家無利害關係，如現代的無產工人，均足妨礙民族團結。

至於由平均分配所得來的生存資料，各人可以自由享受：或以較多用之於食，或以較多用之於衣，或以較多用之於居，……；國家不必加以干涉。因生存資料必須透過個人享受方能實現其目的，國家不必加以干涉；而實際上各人嗜好幷不盡同，亦不能加以干涉。至於生產雖應盡量以民族為單位，消費則不妨仍以家庭為單位。因家庭為民族最基本的組織，而生活於一個家庭以內的份子，又有互為一體的關係，必可合理利用，以提高經濟享受效力。所有生產與運輸既歸國營，則稅收，除非為調劑收入不得不略為使用外，自應完全剷除。因稅收人員既非生產性質，又易舞弊，以破壞民族道德。這是合乎道德的經濟制度。

經濟生產與運輸既為民族創造生存與自由的資料，所以凡非對實現民族的生存與自由另有任務，或無勞動能力者，如為民族培植優良份子的教育人員、為民族安內攘外的政治與軍事人員、為民族創造精神自由的學術與藝術人員，以及已老、尙幼或殘廢的份子——以外，均應努力參加某一方面生產與運輸的工作。否則不但國家可以取消其生存權利，「卽不勞動者不許食！」而且社會應加以道德制裁，卽視其為變相的老鼠！同時從事他種工作的份子，雖不能直接參加經濟勞動，但應儘量尊重經濟勞動，尤不可賤視經濟勞動。因經濟勞動為創造民族生存資料，而生存不但為民族生活兩大目的之一，而且為其最基本的目的。因此經濟勞動實為一種極重要的勞動，亦為一種極神聖的勞動。其他各種勞動的價值決計不能超出經濟之上。歷來鄙視經濟勞動，實為極錯誤的觀念；過去官吏往往壓迫勞動民衆，尤為違反道德的行為。這是關於生產與運輸的道德規律。

就分配來講，不但國家應實行收入平均的原則，每個民族份子亦應嚴守收入平均的道德。因每個人均為民族之一份子，對於民族有相同的義務與相同的權利。雖各人之能力不甚相同，亦爲民族所給予：如由遺傳所給予的天才，由教育所給予的知識與技能。各人的能力既爲民族所給予，則各人創造的多少儘管不同，但不足爲享受不平均之根據。平均享受既爲應有的道德，則任何人自不能利用權力或機會，以非分掠取。否則卽等於變相的強盜，變相強盜與變相老鼠的性質雖完全不同，但爲違反道德則一。

就消費來講，國家平均分配於各個人或各個家庭的東西，各個人或各個家庭雖可自由使用，但對於超過本身或本家庭實際需要的東西，應當歸還民族，或分送不足實際需要之個人或家庭。切不可任意濫費。任意濫費一分民族生存資料，不但等於任意濫費一分祖先或同胞的血汗，亦且等於任意減低一分同胞或子孫的生存機會。濫費祖先所遺留下的血汗，或減低子孫生存的機會，均爲違反道德。所以超過本身或一家人實際需要的享受或濫費爲一種極大的罪惡。這是關於分配與消費的道德規律。茲進而分析學術與藝術中的道德制度與規律。

本節參攷書：

1. 汪少倫：民族哲學大綱，第二章，第五節，第三目；
2. 汪少倫：中國之路，第五章，第五節，第三目；
3. 牧山正彥譯：道德經濟的基礎；
4. Dewey and Tnfts: Ethics. pIII. ch. XXII-XXV;
5. Fr. Paulsen: System der Ethik, II, Bd. IV B, III;
6. Hofiding: Ethik, XXIV-VI;
7. J. A. Hobson: Economics and Ethics;
8. J. A. R. Marfott: Economics and Ethics;
9. H. F. Ward: Our Economic Morality and Ethics of Jesus;
10. C. E. Ayres: The Nature of the Relationship between Ethics and Economics;

11 E. D. Page: Morals in Modern Business;

12 J. Stamp: Mora's in Modern Business.

第六節 學術與藝術中的道德制度與規律

第一目 學術中的道德制度與規律

所謂學術係指由分析、理解地面各方面現象，以實現民族精神自由和改善民族生存的結果。民族欲實現其生存與自由，不能不寄託并利用某一部分地面，而一部分地面萬象錯綜，或足爲利，或足爲害，或足爲樂，或足爲懼；如是每個民族份子的生、死、憂、樂均操縱於自然環境之手。爲解除此種束縛與威脅，不能不分析各方面現象，以確定何者爲利，應該發展；何者爲害，應該消滅；何者爲樂，應該享受；何者爲懼，應該避免；於以產生各方面自然科學：如天文學、地質學、物理學、化學、生物學、地理學之類。但在文化程度相當發展以後，各方面文化現象亦和自然現象一樣，足以威脅人類生存和自由。如是亦不能不加以分析比較，於以產生各方面人文科學：如人種學、社會學、心理學、教育學、語言學、政治學、法律學、經濟學、歷史學之類。但上述各方面科學僅研究某一方面現象，不能解答整個宇宙人生問題，如是在各方面科學之上不能不有哲學。哲學一方面將各方面科學研究的結果，加以創造式的綜合。藉以確定整個宇宙人生的意義及各方面設施應有的原則；另一方面研究人類認識能力，藉以確定各方面科學的基本方法，及各方面科學相互的關係。因此學術就其本質言，爲分析、理解地面現象的結果；就其目的言，爲實現民族與其份子精神自由及改善民族與其份子生存的工具。

學術目的既在實現民族與其份子的精神自由，而精神或心靈自由，不但爲最高的自由，亦且爲最基本的自由。因其他各方面的自由，如物質自由（對自然的自由）與社會自由（對他人的自由）等均須藉精神自由以自覺，其無自覺的自由，有自由而不自知享受，等於沒有自由。同時各方面學術不但爲實現民族精神自由的工具，亦且爲改善民族生存的工具。例如各方面自然科學經過各方面應用科學，如醫學、農學、工學等，或由治療、衞生延長壽命，以直接實現民族與其份子的生存；或由增加與改造生存資料，以便利生存機會，間接實現民，族與其份子的生存，各方面學術既足實現民族與其份子的精神自由，又足提高民族與其份子的生存，所以各方面學術對於民族與個人均異常重要。

因學術對於民族與個人均異常重要，所以代表民族的國家不能不極力加以提倡，使其儘量發展　欲使學術能夠儘量發展，必須一方面提高學術的地位，另一方面便利研究的機會。所謂提高學術地位，即將來必須認定學術爲實現民族生存與自由所必需的東西，并非可有可無的裝飾品。國家對於眞正學者的意見亦必須極端尊重。蓋必須如此，然後才俊之士方肯獻身於學術。所謂便利研究機會，即將來國家於努力擴展學術機關外，并可能地充實其設備。蓋必須如此，獻身於學術的人方有研究的可能。否則所謂提倡學術，眞是徒託空言。國家對於學術不但應該極力提倡，而且應該平均提倡。所謂平均提倡，即使各方面學術儘可能地平均發展。因各方面學術或以研究範圍不同，或以研究對象互異，實爲相反相成的一體；誰既不能離開誰，誰更不能代替誰。苟有偏枯或偏廢，必致釀成嚴重流弊：如中國過去比較忽視自然科學，遂致奴隸於自然；現代歐、美各國，比較忽視文哲科學，遂致奴隸於文化。偏頗的性質雖不同，偏頗的惡果則一。

但國家雖應極力并平均提倡各方面學術，却不可妨礙其自立，或侵犯其自由。因學術的主要目的在實現民族的精神自由和提高民族的生存。而眞正能實現民族精神自由，或提高民族生存者只有合乎客觀事實的眞理，或事實眞理；至不合乎客觀事實，只合乎思維必然性的眞理的或邏輯眞理，既與客觀事實不相符合，自不能在客觀世界發生効力。而這種合乎事實的眞理，必須學者毫無顧忌地，自由分析，自由討論，方能發現。因此學術自由爲學術發展必需之前提。否則或箝其手，或箝其口，使研究學問的人盡成爲「御用學者」，名爲提倡學術，實則摧殘學術。因學術自由爲學術發展之前提，所以國家不但對於無害的眞理應聽其自由發表，即認爲與某時期國家政策不相符合的眞理，亦應聽其自由發表。因眞理——尤其是事實眞理——爲事實的理論化，民族生活不能逃避事實，即不能諱忌眞理。况且「禁果是最甜的」，一般人對於被禁止的眞理更加好奇，更予同情。歐洲中世紀教堂用殘酷刑，壓迫眞理的發表，結果完全失敗，即可爲眞理必然勝利之證。如此以創造出來的眞理，雖不必或不能人人享受；但其享受的機會必須均等，是即前面所講，應以資質爲享受專科以上學校教育唯一的前提。

至在學術研究中，雖不能不利用其他各民族的學術爲參考，但本身必須有獨立自主的學術。所謂本身有獨立自主的學術，即我本身有獨立研究的問題與獨立研究的答案——尤其是哲學和文化科學。既不可任意以他民族的問題爲本身研究的問題，尤不可毫無斟酌地以他民族的答案爲本身的答案。否則人云亦云，人趨亦趨，不但永久不能有獨立貢獻，而且精神上已變成他人的奴隸。精神上變成他人的奴隸或不能自主，則人與一說我必和之、人與一制我必效之，政治上亦不能自主。所以學術獨立——尤其是思想獨立，爲保證政治獨立之前提。這是合乎道德的學術制度。

至合乎道德的規律可分爲知道、傳道、行道、衞道、容道、共道等方面來講：所謂道即指合乎事實的眞理。所謂知道，即從事學術研究的民族份子，必須以全副精力用於研究各方面現象或各種問題，以求發現其法則或眞理。否則假研究學術之名，行安食寄生之實；不但辜負其使命，亦且違反不勞動不得食之原則，爲一種極大的不道德。眞正學者不但應當努力知道，而且應當努力傳道。所謂傳道，即將所發見的眞理，或述之以口，或筆之於書，以公佈於天下後世，藉以實現其精神自由。倘使發現眞理而不加以公佈，則私藏眞理等於私藏公物一樣。私藏公物既爲不道德，私藏眞理亦爲不道德。但傳道或公佈眞理，必須有道才傳，有眞理才公佈。倘使根本無道可傳，而亦亂發議論；根本無眞理可公佈，而要大做文章，或廣刊著作；則欺世盜名的行爲等於盜賊。盜賊搶竊他人財物，僞學者搶竊社會名位；方式雖或不同，其性質則一。僞學者欺世盜名與盜賊搶竊財物的性質雖不同，罪惡則尤爲重大。罪惡尤爲重大的原因，即因爲盜賊搶竊財物受害者不過少數人，而僞學者宣傳謬誤學說，等於施放毒氣，受害者爲多數人。所以欺世盜名爲一種極大的罪惡。

眞正學者不但應該努力知道、誠實傳道，而且應該努力行道。所謂努力行道，即將所發現的眞理用於解決實際問題：如改革社會、支配自然之類。上面曾經講過，學術的最高目的在實現民族和個人的生存與自由。如道和傳道最多只能實現民族的精神自由，尚不能實現民族的物質自由和生存。如此必須加以實際應用，然後始能完成學術的最高使命。否則知道而不行道，雖知等於不知。況且知道者自己不努力行道，而聽不知道者去胡幹、瞎幹，則不但不能實現民族的生存與自由，而且妨礙民族的生存與自由。所以知道者不努力行道，對社會是一種極大的損失。同時知道者必須行道，然後才能拿事實證明其所知的道爲一種合乎事實的眞理。否則他人可信可不信。所以知道者不努力行道，對本身也是一種極大的損失。因此「學以致用」爲千古不變的學術原則，孔、孟求用爲眞學者千古不易的模範！但眞學者從事實際工作，係爲着行道，并非爲行道以外的任何目的，如「宮室之美、妻妾之奉、所識窮乏者得我」……。眞學者從事實際工作既爲行道，倘使不能行道，即當自動引退。好像墨子所說：「道不行不受其賞，義不聽不處其朝」。否則，如從事政治，即變爲官僚；如從事經濟，即變爲奸商……。官僚、奸商均非眞學者所應爲。

眞正學者不但應當努力知道、傳道、行道，而且應當努力衛道。所謂衛道，即對於所發現的眞理，不但絕對信守，而且努力傳播、努力宣揚、努力實行，「富貴不能淫、貧賤不能移、威武不能屈」；如蘇格拉底之自動服毒，如布爾落(Bruno)之願被燒死，如笛卡兒之甘被放逐……。否則或自無信心，或隨世浮沉；則毀世的罪惡等於媚世的罪惡。但眞學者雖應努力衛道，却不可認自己所發現的眞理爲唯一的眞理，他人所發現的眞理盡爲謬誤。如是他人必須信奉我所發現的眞理，否則不加以排擠，便加以譏謗。此種褊狹胸襟，亦非眞學者所應有。換句話講，即眞學者雖應衛道亦當容道。眞學者不但應當容納他人所發現的眞理，而且應當與其他學者互相合作。因各方面學術不但目的完全相同——實現民族的生存與自由，其對象亦爲一體——地面上各種現象。專門研究只爲學術分工，不得已的辦法；并非各門學問可以互相獨立。學術對象既爲一體，學術目的又復相同，所以各方面學者應該開誠合作，以提高創造效率，以完成共同使命。此即所謂的共道。但所謂共道或開誠合作，并不是互相標榜或互相隱過。互相標榜或互相隱過，不但不能提高創造效率，而且減低創造效率。因必須互相批評，然後始能促進個人儘量努力。這是學術中的道德制度與規律。茲進而研究藝術中的道德制度與規律。

第二目　藝術中的道德制度與規律

所謂藝術係指民族與其份子心靈自由流露的結果或作品。民族與其份子心靈的自由流露，必須寄託於某種外物始能得到具體化。由於此種外物的性質不同，藝術亦可分爲四大類：卽字的藝術，如詩、文、小說等；音的藝術，如歌、樂等；色的藝術，如各種繪畫；形的藝術，如各種雕刻……。各方面藝術所利用的工具或寄託的外物雖不同，其爲民族與其份子心靈的自由流露則一。

各方面藝術既爲民族與其份子心靈的自由流露，而民族與其份子心靈的自由流露實爲民族與其份子最高精神自由的表現：如在各方面藝術創造中，雖必利用各種外物以客觀化，但眞正藝術家必須能自由支配此種外物，然後始能成爲藝術家。所以這些外物只能爲創造者心靈流露之助，而不能爲其阻。至在藝術享受中，享受者得以儘量同感其所相同的感覺，得以儘量領略其所願意領略的事物，得以傾聽其所願聽的聲音，得以欣賞其所願意欣賞的形色……。因此藝術享受者完全脫離現實世界的一切羈絆，置身於另一世界——美的世界中，以充分實現其精神自由。因藝術爲民族與其份子心靈的自由流露，爲民族與其份子自由的表現，所以藝術爲民族與人生之花。花雖非草木的最高目的，但花實足以提高草木的價値。因此無獨立藝術的民族雖不失其爲民族，但不能認爲有最高文化的民族；無藝術享受的人生雖不失其爲人生，但不能認爲圓滿的人生。藝術爲民族價値的客觀化，爲圓滿人生的表現，所以藝術對於民族與個人亦異常重要。

藝術對於民族既異常重要，所以代表民族的國家對於各方面藝術，不能不極力提倡，以使其儘量發展。欲使各方面藝術能夠儘量發展，不能不一方面培養各種藝術家，另一方面鼓勵其創造。欲培養各種藝術家不能不設立各種藝術學校，和成立各種藝術組織。蓋必須有各種藝術學校，然後創造藝術的經驗，方能順利傳受；必須有各種藝術組織，然後各方面藝術傑作，方有互相切磋的機會。欲鼓勵藝術家的創造，不能不尊重藝術家的人格和其作品。蓋必須尊重藝術家的人格，然後才俊之士方肯獻身於藝術；必須尊重藝術作品，然後藝術家始肯盡力於創造。否則或無人可以創造藝術，或無人願意創造藝術，所謂提倡藝術，便是空言。但國家雖應儘量提倡藝術創造，却不可限制藝術創造的自由。如上所論，藝術既爲民族與其份子心靈的自由流露，必須有充分自由，然後創造者始能言其所欲言，歌其所欲歌，畫其所欲畫，刻其所欲刻……。如此的言、歌、畫、刻始爲心靈的自由流露，始爲眞正的藝術作品。所以御用藝術家，比較御用學者尤爲困難。這是藝術創造中的道德制度。

至藝術享受方面的制度，最主要者厥爲機會均等。所謂機會均等，卽使每個有某種藝術享受能力和需要的人，均有享受某種藝術的機會。欲使藝術享受機會均等，不能不實行國有藝術。所謂國有藝術，卽凡能表現某時期民族心靈，或有歷史價値的藝術作品，均應爲國家所有，個人不得私藏——尤其是不可複製的傑作：如著名的繪畫、雕刻、建築之類。同時規模較大的藝術場所，如美術館、戲院、展覽會等均應由國家直接經營，個人不得主持。蓋必須如此，各種不可複製的傑作，方能得到切實的保護，不致破壞或喪失，如火燒、水淹、外人竊買之類。而各種藝術作品方能盡量公開享受，不致使有享受興趣者反無享受的可能，無享受興趣者反多享受的機會！這是合乎道德的藝術制度。

如上所論，藝術爲民族與個人自由的表現，爲民族與個人生命之花，對於民族與個人均異常重要。藝術對於民族與個人既均異常重要，則從事藝術，或以藝術創造爲專業的人，自不能不努力從事某方面藝術的創造；如或吟詩、或爲文、或編戲劇小說、或製歌譜、或繪畫、或雕刻之類。倘使藝術家，放蕩形骸，無所事事；則藉藝術之名，行安食之實，也和懶惰的學者藉研究之名，行安食之實一樣，爲一種極大的不道德。但藝術家雖應努力創造，却不可勉強做作。蓋藝術創造爲心靈之自由流露，必須心靈有感，然後才能流出，成爲眞正傑作。否則矯揉做作，卽能完成形式，亦無眞實內容；卽有美的形骸，亦無美的靈魂。此類既無內容或毫無靈魂的作品，雖多亦等於無。尤不可投合世好：世好無常，一般人鑒賞力又弱。因世好無常，藝術家投不勝投；因一般人鑒賞力弱，卽或能投合，亦不能成爲眞正傑作。因此眞正的藝術家也應當和眞正的學者一樣，對整個民族負責，盡其所應盡的使命，不但不求聞名於當時，亦且不必預期流芳於後世。如此方能爲創造而創造。爲創造所實行的創造，才是眞正自由的創造。眞正自由的創造，才能表現民族的心靈。能表現民族的心靈，才能成爲眞正的傑作。這是合乎道德的藝術規律。

藝術爲民族之花，藝術享受爲人生最高滿足。人生既得到最高滿足，自無他求。所以道德規律於此結束。

根據以上三篇研究，足知道德起源，一爲民族社會需要，一爲民族份子有選擇自由；道德標準應爲實現民族的生存與自由；而各方面道德規律或爲實現民族生存與自由的工具，或爲民族生存與自由的表現。由此足知道德世界確爲民族的道德世界。但道德世界雖確爲民族道德世界，與人類道德世界亦有相當關係，茲另節討論之於後。

本節參考書：

1.汪少倫：民族哲學大綱，第二章，第六節，第一、二目；
2.汪少倫：中國之路，下篇，第五章，第六節，第一、二目；
3.Fr. Paulsen; System der Ethik, II bd., III B. Vk;
4.Hoffding; Ethik, XXVIII—XXX;
5.Jacob; Devoirs XI.

第七節 民族道德與人類道德

第一目 民族與人類之眞實關係

民族與人類在一般人看起來，不但是互相獨立，而且是互相衝突。因民族與人類互相獨立，所以民族自爲民族，人類自爲人類，不相干涉。因民族與人類互相衝突，所以要講民族主義，便不能不犧牲人類主義；要講人類主義，便不能不犧牲民族主義；否則卽陷於互相矛盾。

這種看法完全是錯誤的。實際上民族與人類不但不是互相獨立的，而且互爲一體；不但不是互相衝突的，而凡互相一致，民族與人類所以互爲一體，卽因民族實際上生活於人類，人類亦實際上生活於民族，絕對不可分離：就民族生活於人類來講，前面曾經講過，民族生活於其份子。而某個民族的民族份子於具有某民族的各種特徵以外，亦具有人類共同特徵；其著者如凡屬人類均有兩手、大腦比較發達之類。這種具有兩手、大腦比較發達的動物，在生物界中，毫無疑義的，自成一類——人類。每個民族既爲人所結合，可以說民族實生活於人類。因民族生活於人類，所以在有人類以前沒有民族，在沒有人類以後——假使有一天的話——亦沒有民族。就人類生活於民族來講，整個人類雖具有兩手、大腦比較發達的共同特徵；但沒有共同的國土——人類生活於許多不同的地面，共同血統——人類生活於許多不同的種族，共同文化——各部份人類文化有內容與程度的不同，共同心靈——各部份人類思想不同……。所以人類雖具有共同特徵，並不是一個遺傳單位、政治單位、經濟單位、思想單位……。換句話說，卽人類只是生物學上一個名詞，不是一種實際社會，或人的結合。眞正具有共同國土、共同血統、共同文化、共同心靈者只有民族。換句話講，卽民族爲遺傳單位、政治單位、經濟單位、思想單位……。所以民族爲一種實際社會，或眞實人羣。因民族爲眞實人羣，所以個人無不生活於民族——。地面上決無超民族的個人。個人既均生活於民族，民族總和卽爲人類，所以人類亦生活於民族。民族生活於人類，人類亦生活於民族；所以民族與人類的關係和每格石榴米和整個石榴的關係一樣。每格石榴米既離不開整個石榴——否則失去皮的保護，卽難免於分崩離析；整個石榴亦離不開每格石榴米——否則僅餘空殼，卽不成其爲石榴。

因民族生活於人類，有人類才有民族；倘使人類都消滅了，自無所謂民族；倘使人類均無自由，民族自亦無自由。否則卽不合於邏輯。反過來講，人類生活於所有的民族，每個民族卽爲人類一部份的表現。因此欲實現整個人類的生存與自由，不能不先實現各民族的生存與自由。好像欲求整個石榴豐美，必須使每格石榴米豐美一樣。倘使各個民族不能生存，則整個人類卽歸於消滅；倘使各個民族不能自由，則整個人類卽變爲奴隸。好像每格石榴米腐濫苦澀，則整個石榴變爲腐澀苦澀一樣。因欲實現人類的生存與自由必先實現民族的生存與自由。所以民族主義不但不與人類主義相衝突，而且爲達到人類主義之前提。倘欲達到人類主義而不先講民族主義，則好像剛剪每格石榴葉，而欲整個石榴豐美，砍去樹根，而欲全樹茂盛一樣，當然絕對不可能之事。因此民族與人類的利害互相一致。

民族與人類的存在互爲一體，民族與人類的利害互相一致，足證民族與人類永久共存。馬克斯和其一部份信徒，主張消滅民族和國家界限，使整個人類成爲一個大家庭，即普通所謂的世界公民主義（Cosmopolitanism），違反客觀事實，將永無實現之可能。這是民族與人類的眞實關係。茲進而研究民族道德與人類道德的關係。

第二目　民族道德與人類道德之關係

根據上目分析，足知民族生活於人類，人類亦生活於民族，民族與人類互相構成一體，絕對不可分離。因人類生活於民族，民族爲構成人類的細胞，亦爲各方面文化的單位。道德爲各方面文化之一方面，因此就理論講，所有道德只能爲民族道德。同時如以上三篇所研究，道德產生係由於民族社會需要，道德內容具有各個民族特徵，道德目的係爲實現民族的生存與自由，道德規律則爲實現民族生存與自由之工具。因此就事實講，所有道德亦實爲民族道德。所有道德既均爲民族道德，所以人類道德即爲各個民族道德之總和，好像世界歷史即爲各個民族歷史之總和一樣。并無超乎民族而獨立的人類道德。

不但無超乎民族而獨立的人類道德，亦且無界居各個民族國家間的國際道德。事實告訴我們，各個民族國家之間，在平時雖有使節與人民的相互往還，亦常常發生政治、經濟與學術關係；但維持此種往還與關係的東西，不是道德而是法律——即普通所謂的國際公法與國際私法。而且此種法律需要各個民族國家的武力爲後盾。倘使某個民族國家的武力不足以保障其僑外人民的生存與自由時，其僑外人民即難免要遭受住在國人民之侮辱與壓迫：殖民地的人民常受宗主國人民之欺凌虐待，固無待論，即弱國僑民亦常受強國人民之侮辱壓迫！所以國際公法與國際私法，嚴格論之，不能稱之爲法律；因其缺乏共同或平等的強制力。至在戰時，各交戰國家儘量互相欺騙，儘量互相撕殺，如人類虐待毒蛇猛獸一樣。一個民族國家的人對待其他民族國家的人如對待毒蛇猛獸，還有什麼道德、法律可言？所以戰時道德與戰時公法均爲不通的名詞。最低限度就過去和現在來講，道德和法律的效力是不能走出民族國家大門的。

至在各國的基督教傳教士，雖在各國舉辦各種慈善事業，如醫藥、救濟之類，表示一種仁愛行爲。換句話講，即異民族人民之間，似亦有道德規律的存在。但實際上，傳教士之舉辦慈善事業，或用爲招徠信徒之工具，或由於可憐上帝兒子；既非爲道德而實行道德，尤非爲實現某民族的生存與自由而實行道德。甚且傳教士所舉辦的慈善事業有時不但不能實現某民族的生存與自由，而且危害某民族的生存與自由。因異教的侵入既足使民族信仰紛歧，以減低其團結力；而傳教士的深入與報告，亦往往爲外人實行其他各種侵略，如經濟侵略、政治侵略等之先聲。所以傳教士的慈善行爲并不足爲民族間有道德存在之證。

至過去雖有些思想家提倡人類主義：如中國張橫渠之「民胞物與」，德國康德之「世界永久和平」，法國孔德之「人類宗教」，英國羅素之「和平主義」等，但僅爲少數思想家之理想。這種理想在過去未曾實現過，在將來恐亦不易實現。所以這種思想不但爲理想，且亦爲夢想。少數思想家的理想或夢想，尤不足爲有超民族的人類道德之證。

世界上無超民族而獨立的人類，亦無超民族而自立的人類道德。所有道德都是由於民族，屬於民族并爲着民族的。所有道德既是由於民族，屬於民族并爲着民族的，所以希望每個中國人都努力實行各方面的道德規律，以求充分實現中華民族的生存與自由！

本節參考書：

1.汪少倫，民族哲學大綱，第一章；
2.H. Driesch: Ethical Principles, II 4. D;
3.W. Mcdaugall; Ethcis and some modem world Problems;
4.W. Wundt: Ethics Bd. III, p. IV, ch. IV;

5. F. Adler: Ethische Lebensphilosophic, B.Ⅳ K. Ⅷ。

附錄一　倫理學重要中文書籍

Ⅰ　經典書：

1. 孔子：論語；
2. 孟軻：孟子；
3. 荀卿：荀子；
4. 李耳：老子；
5. 莊周：莊子；
6. 墨翟：墨子；
7. 管仲：管子；
8. 韓非：韓非子；
9. 董仲舒：春秋繁露；
10. 揚雄：太玄，法言；
11. 王充：論衡，性書；
12. 韓愈：詩文集——原性，原道；
13. 李翺：復性書；
14. 周濂溪：太極圖說，通書；
15. 邵康節：皇極經世書，觀物外篇，漁樵問答，伊川擊壤；
16. 張橫渠：正蒙，東銘，西銘，經學，理窟，語錄；

17 程明道：明道文集；

18 程伊川：易傳，伊川文集；

19 朱晦菴：性理大全，近思錄；

20 陸象山：象山全集；

21 王陽明：王文成公集——傳習錄。

II 參考書（以著者姓氏筆畫多少爲序）：

1. 三浦藤作著 張宗元譯：中國倫理學史（商務）；

2. 三浦藤作著 謝晉卿譯：西洋倫理學史（商務）；

3. 大島政德：倫理學講義（普通教育學會）；

4. 井上哲次郎：倫理與教育（弘道館）；

5. 井上哲次郎：倫理研究（弘道館）；

6. 玉利喜造：實用倫理學（弘道館）；

7. 北澤定吉：倫理史綱（弘道館）；

8. 朱光潛：談修養（中央日報社）；

9. 吉田熊次：教育的倫理學（弘道館）；

10 吉田敬致著 王向榮譯：倫理學（百城）；

11 向達譯：亞理士多德倫理學（商務）；

12 江恆源：倫理學概論（大東）；

13 朱進譯：倫理學導言（商務）；

14 伍光健譯：倫理學（商務）；

15 余家菊譯：道德哲學（中華）；

16 周作仁譯：社會倫理學（文逵）；

17 周谷城編：實驗主義倫理學（商務）；

18 胡漢民：唯物史觀與倫理之研究（民智）；

19 胡澤譯：社會正義論（商務）；

20 張東蓀：道德哲學（中華）；

21 張東蓀：現代倫理學（新月）；

22 張　頤：赫氏倫理探究（商務）；

23 張廷健：現代倫理學（商務）；

24 浮田和民著 周宏業譯：新道德論（商務）；

25 景昌極：道德哲學新論（鐘山）；

26 黃方剛：道德學（世界）；

27 溫公頤編譯：道德學（商務）；

28 馮友蘭：新世訓（開明）；

29 遠藤隆吉：東洋倫理學（弘道館）；

30 遠藤隆吉：東洋倫理研究（弘道館）；

31 蔡元培：中國倫理學史；
32 蔡元培譯：倫理學原理（商務）；
33 龐澤彰：近代五大倫理學（商務）；
34 撒慕爾著 丘高山譯：實用倫理學（商務）；
35 謝蒙：倫理學精義（中華）；
36 謝幼偉：倫理學大綱（正中）；
37 謝扶雅：中國倫理思想；
38 藤井健治郎：主觀道德要旨（弘道館）。

附錄二　倫理學重要西文書籍

一　經典書：

1. H. Mai r: socrates;
2. Zeller: Socrates and the Socratic Schools;
3. Xen phon: Memorabilia (Loeb Classical Library);
4. Plato: Dialoques, (Loeb Classical Library);
5. Plato: Der Staat;
6. A. B. Cook: The metaphysical Basis of Plato's Ethics, 1895;
7. Lodge: Plato's theory of Ethics. 1928;
8. Burnet: Platonism;
9. Aristotle: Nichomachean Ethics;
10. A. Grant: The Ethics of Aristotle, 2 Vols;
11. Steward: Notes on the Nichomachean Ethics of Aristotle, 1892;
12. Zeller: Aristotle and the earlier Peripatetics, 1897;
13. Epictetus: Moral Discourse;
14. Hicks: Stoics and Epicurean;
15. Zeller: Stoics, Epicurean and Sceptics;
16. P. Barth: Der Stoa;
17. Arnold: Roman Stoicism;
18. Lucretius: De Rerum Nature;
19. Marcus Aurelius: Meditations;
20. Cicero: De officiis, De Finibus;
21. Jesus Christ: Old and New Testament;
22. Rickaby: Aquinas Ethics;
23. Th. Hobbes: Leviathan;
24. Th. Hobbes: Elements of Law;
25. H. More: Enchiridion Ethicum;
26. S. Clarke: Boyle Lectures;
27. S. Cudworth: Eternal and Immutable Morality;
28. Shaftesbury: Characteristics of man, manners, opinions and times;
29. Shaftesbury: An Inquiry concerning Virtue or Merit;
30. F. Hutcheson: A System of Moral Philosophy;
31. F. Hutcheson: An Inquiry concerning Moral Good and Evil;
32. Butler: Sermons upon Human Nature;
33. R. Price: A Review of the Principal Questions in Morals;

34. Spinoza: Ethics;
35. Joachim: A Study of the Ethics of Spinoza;
36. D. Hume: An Inquiry Concerning the Principles of Morals;
37. D. Hume: Treatise upon human Nature;
38. A.Smith: Theory of the Moral Semt ments;
39. La-mettrie: L'Homme Machine;
40. Holbach: System de la Nature;
41. J. J. Rousseau: Si Retablissement de Sciences et des Arts a Contribue a Epurer les Mouers;
42. J. Kant: Kritik der Praktischen Vernunft;
43. J. Kant: Metaphysik der Sitten;
44. A Liebert: Kants Ethik, 1931;
45. Abbott: Kant's Theory of Ethics;
46. Scott: Kant on the Moral Life;
47. Fichte: The Science of Ethics, English by Kroeger;
48. Hegel: Philosophie des Rechts;
49. Reyburn: The Ethical Theory of Hegel;
50. J. Bentham: An Introduction to the Principles of Morals and Legislation;
51. J. Bentham: Deontology or the Science of Morality, 2 Vols;
52. J. St. Mill: Utilitarianism;
53. J. St. Mill: Ethics, ed. by Douglas, 1897;
54. H. Sidgwick: The Methods of Ethics;
55. H. Sidgwick: Lectures on the Ethics of Green, Spencer and Martineau, 1903;
56. A Schopenhauer: Die Welt als Wille und vorstellung;
57. A Schopenhauer: The Basis of Morality;
58. J. Martineau: Types of Ethical Theory;
59. Ch. Darwin: The Origin of Species;
60. Ch Darwin: The Descent of man;
61. H. Spencer: Principles of Ethics;
62. H. Spencer: Data of Ethics;
63. Fr. Nietzsche: Die Wille zur macht;
64. A Comte: Social Physics in Cours de Phil. Positive;
65. Kropotkin: Mutual aide;
66. J. M. Guyau: Esquise d'une Morale sans obligation ni sanction
67. Green: Prolegomena to Ethics, 1899;
68. S. Alexander: Moral Order and Progress.

二　参考書：

1. Addams: Democracy and social Ethics, 1902；
2. Adler, F.: Ethische Lebensphilosophie. 1925；
3. Alaux: Philosoph'e morale et Politique, 1894；
4. Alb·e,E.: History of English Utilitarianism, 1902；
5. Alexander, Dr. Arch.: A Theory of Conduct；
6. Alexander, Dr. Arch.: Outlines of Moral Science, 1890；
7. Allers, R.: Das Werden der sittlichen Person, 1929；
8. Allier, R. etc: Morale Religieuse et morale laique, 1914；
9. Bain. A.: Mental and moral science, 1884；
10. Ba dwin, J M: Le Darwinisme dans les sciences morales, 1911；
11. Barratt, Alf.: Physical Ethics or the Science of Action, 1869；
12. Farr tt, C.L.: Ethics, an introduction to the Philosophy of moral va ues, 1933；
13. Bascom. Dr. Jno.: Ethics, or the science of Duty 1879；
14. Baudrillart, H.: Etudes des Philosophie, mo ale 1858；
15. Baner, A.: La concience collective et la morale, Morale 1912；
16. Baumgardt: Der Kampf um den Lebenssinn unter den Vorlaufern der modern Ethik；
17 Bayet, A.: La morale scientifique；
18. Bayet, A.: La suicide et la mora'e, 1922；
19. Bayet, A.: La science des faits moraux, 19`5；
20. Bayet, A.: Histoire de 'a morale En France, 1931；
21. Beat, G.: Morale sociale, 1909；
22. Be'ot, G.: Etudes de mora'e Positive, 1924；
23. Bergson H.: Les deux sources de la morale et de la religion, 1933；
24. Bergmann: Ethik als kulturphilcsophie, 1904；
25. B'akey. R.: History of moral science, 2 vols., 1836；
26. Backie, Prf. J. S.: Four Phases of Mora's, 1074；
27. Bonar, J.: Moral sense, 1930；
28. Bosanquet, B.: The Psychology of moral self；
29. Bosanquet: Some suggestions in Ethics, 1918；
30. Bown , B.P.: The princip'es of Ethics, 1892；
31. Bradley, F.H.: Ethical Studies, 1927；
32. Brentano, F.C.: The origin of the knowledge of right and wrong, 1902；

33. Brentano, Fr.: Vom Urspring sittli-her Erkenntniss, 1922;
34. Brightman, E.S.: Moral laws, 1932;
35. Broeke, J.: The moral life and religion, 1923;
36. Broad, C.D.: Five types of ethical theory;
37. Cabot, E.L.: Everyday Ethics;
38. Cabot, R.C.: The meaning of right and wrong, 1934;
39. Calderwood, H.: Handbook of moral Philosophy, 1872;
40. Calkins, M.W.: The good man and the good, an introduction to Ethics, 1928;
41. Carritt,: The theory of morals;
42. Celtis: Le reconstruction morale, 1919;
43. Challaye, F. et Reynier, M.: Cours de morale, 1932;
44. Clarke, G H. & Smith, T.V.: Readings in Ethics, 1931;
45. Clamageran, J.: Philosophie morale et religieuse, 1905;
46. Cobbe, Fces, P.: Theory of Intuitive Morals, 1902;
47. Courtney, W.L.: Constructive Ethics, 1886;
48. Cox, C. C.: The public conscience; 1922;
59. Cresson, A.: La morale de la raison theorique, 1903;
50. Cresson, A.: Le Problem moral et les philosophes;
51. Croce, B.: Philosophy of the practical;
52. D'Arcy: Short study of Ethics, 1895;
53. Davis, N.K.: Elements of Ethics, 1907;
54. Day, Prf. H.N.: The Science of Ethics, 1397;
55. De Laguna, T.: Introduction to the science of Ethcs, 1917;
56. Delvolve, J.: L'organisation de la conseience morale. 1906;
57. Deploige, S.: Le conflit de la sociologie et da la morale 1912;
58. Dewey, J. and Tufts: Ethics, 1908;
59. Dewey, J.: The study of Ethics, a syllabus, 1894;
60. Dewey J: Outline of Ethics, 1891;
61. Dickinson, L.: The meaning of good, 1902;
62. Dittrich, O.: Geschichte der Ethik, 3 Bde., 1926;
63. Dombrowski-Ramsay: La moral humaine et la societe des nations, 1930;
64. Doring, A.: Handbuch der menschlich-natur ichen sittenlehre. 1899;
65. Doring, A.: Philosophiche Guterlehre, 1888;

66. Forner, A.: Das menschliche Handelung-philosophische Ethik, 1895;
67. Draghicesco, D.: Le Problem de la conscience;
68. Drake, D.: The new morality, 1928;
69. Dresser, H.: Ethics in theory and aplication, 1925;
70. Driesch, H.: Die sittliche tat, 1927;
71. Driesh, H.: Ethical principles, English Translation, 1930;
72. Drobisch, M. W.: Die moralische statistik und die menschlische willensfreiheit;
73. Dunham, J.H.: Principles of Ethics, 1929;
74. Duprat, G.L.: Morals (tr.), 1903;
75. Dupuy, P.: Les fondements de la morale, 1900;
76. Ehrenfels, Chr. Von: System der werttheorie, 2 bde, 1898;
77. Elserhans, Th.: Das Wesen und Enstehung des Gewissens, 18 4;
78. Evans, E.P.: Evolutional Ethics and Animal Psychology, 1898;
79. Everett, W.G.: Moral values;
80. Faucounet, P.: La responsibilite;
81. Fellin, J.: Die willensfreiheit, zur Bibliographie des problems;
82. Field, G.C.: Moral theory, an introduction to Ethics, 1921;
83. Fitzgerald, P.F.: The Rational or Scientific Idea of Morality, 1897;
84. Fite, W.: Moral philosophy-the critical view of life, 1625;
85. Fite, W.: An introductory study of Ethics, 1903;
86. Fouill e, A.: Critiqne des systemes de morale contemporaine, 1912;
87. Fouillée, A.: Les Elements sociologique de la morale, 1905;
88. Fouill e, A.: Morale de idees-force, 1908;
89. Fowler, Dr. Thos Progressive Morality-an essay in Ethics, 1595;
90. Fulliquet, G.: Essai sur l'obligation morale, 1898;
91. Fullerton, G.F.: A handbook of ethical theory;
92. Gallwitz, H.: Das problem der Ethik in der gegenwart, 18?1;
93. Gaultier, p.: Les moeurs du temps;
94. Gibson, W.R.B.: Philosophical Introduction to Ethics, 1905;
95 Gizycki, G. von: Grundzuge der moral, 1889;
96. Gizycki, G. von.: Students' manual of ethical philosophy;
97. Gizycki, G. Von: An introduction to the study of Ethics, Engl. by Cait, 1889;
98. Godard, J.G.: Patriotism and Ethics, 1906;
99. Gomer, A. de: L'obligation morale raisonnee, 1922;

附录二 伦理学重要西文书籍

100. Gore, Dr.G.: The Scientific Basis of Morality, 1899;
101. Grote, Geo.: Fragments on ethical subjects, 1876;
102. Grot, J.: A treatise on the moral ideals, 1876;
103. Guardini, R.: Das Gute das Gewissen und die Sammlung, 1929;
104. Fabert, O.: L' Ecole sociologique et les origines de la morale;
105. Harris, G.: Moral Evolution, 1896;
106. Hayward, Dr F.H.: Ethical Philosophy of sidgwick, 1901;
107. Heermann, E.L.: Codes of Ethics, a handbook, 1924;
108. Hickok, Prf. L.P.: Moral Science, ed. Dr. J. H. Seelye, 1883;
109. Hobhouse: Morals in Evolution;
110. Hobhouse: Rational good;
111. Hodgson, S, H.: Theory of Practice: an ethical inquiry, 1870;
112. Hoffmann, A: Die Gültigkeit der moral, 1907;
113. Höffding, H.: Ethik;
114. Horne, H.H.: Free will and human responsibility, 1912;
115. Hughes. Hy.: Principles of Natural and Supernatural Morals, 2vcls., 1890-1;
116. Huxley. T. H: Evolution and Ethics;
117. Hyslop, J,H.: The Elements of Ethics. 1900;
118. Hyslop: The Ethics of the great philosophers. 1903;
119. Ingram. Prf. J.K.: Human Nature and Morals. Practical Morals;
120. Jacob, B: Devoirs, 1907;
121. Jacobs: Three types of practical Ethics;
122. James, W.: A preface to morals, 1930;
123. Janet, P.: Théorie des morales;
124. Janet, P.: The theory of morals, English translation, 1884;
125. Janet, P.: Histoire de la science politique dans ses rapports avec la morale, 2 vols.;
126. Jeuden, L.: La morale de l'honneur. 1911;
127. Joad: Thrasymachus or the future of morals;
128. Jodl: Geschichte der Ethik, 1908-1912;
129. Jodl: Allgemeine Ethik, 1918;
130. Jones, E.E.C.: A primer of Ethics;
131. Jouffroy, Th.: Introduction to Ethics, Tr. W. W. Channing, Vols. 1867;
132. Kedney, Prf.J.S.: Problems in Ethics, 1900;
139. Kirchwey, F. ed.: The changing morality. 1925;

134. Kirk, K.E., ed.' Personal Ethics, 1934;
135. Kostlin: Geschichte der Ethik, 2 bde., 1881-92;
136. Kreibig, J.C.: Psychologische grundlegung eines systems der werttheorie; 1902;
137. Kropotkin, prince: Ethics, 1924;
138. Ladd, G.T.: Philosophy of conduct, 1904;
138. Laird, J.: The idea of value;
139. Laird, J.: A study in moral theory;
140. Laing: Study in moral problems;
141. Lalande, A.: Precis raisonne de morale pratiqtue;
142. Laudry, A.: Principes de morale rationelle, 1906;
143. Lauessan, J.L.: La morale naturelle, 1908;
144. Lauria, Prf. S.S.: Notes on British Theories of Morals, 1818;
145. Laurie, S.S.: Ethics, or the Ethics of Reason, 1885;
146. Lecky: History of Europem morals, 2 vols, 1911;
147. Lecky, W.E.H.: Survey of English Ethics, ed, W. H. Hirst, 1903;
148. Lemarie, D.: La morale des affaires, 1928;
149. Lemarie, D.: La morale politique, 1929;
150. Lemarie, D.: La morale privee, 1932;
151 Lessingg, Th.: Studien zur wertaxiomatik, untersuchungen uber reine Ethik und reine recht, 1914;
152. Levy-Bruhl, L.: La morale et la science des moeurs, 1927;
153. Lilly, W.S.: On Rignt and Wrong, 1891;
154. Lippman, W.: A preface to morals, 19 9;
155. Lipps, Th.: Die Ethischen grundfragen, 1899;
156. Lotze, H.: Praktische philosophie, 1890;
157. Mackenzie, A.S.: A manual of Ethics, 1900;
158. Mamelet, A.: L'idee positive de la moralite devant la critique philosophique, 19-9;
159. Mandeville, Bernard: The Fable of the Bees, 1712;
160. Marceron, A.: La morale par l'etat, 1912;
161. Maurice: Conscience;
162. McCosh Prf. Jas,: Our Moral Nature: brief system of Ethics, 1892;
163. McDougall. W.: Ethics and some modern world problems, 1921;
164. McDdougall, W.: Character and the conduct of life, 1927;
165. Merklin, J.M.: Introduction to social Ethics, 1921;

166. Meinong, A.: Psychologische etische untersuchungen zur werttheorie, 1894;
167. Memcken, H.L.: Treatise on rignt and wrong, 1934;
168. Messer, A.: Wertphilosophie der gegenwart, 1930;
169. Mezes, S.E.: Ethics, descriptive and explanatory, 1901;
170. Miltner, C.C.: The Elements of Ethics, 1925;
171. Moore, G.E.: Principia Ethica, 1922;
172. Muirhead, J.H.: Elements of Ethics, 1892;
173. Murray: Introduction to Ethics;
174. Nash, H.S.: Ethics and Revelation;
175, Natorp: Vorlessungen uber praktische philosophie;
176. Nicholson, E.B.: Rights of Animal--new essay in Ethics;
177. Nordau, M.: La biologie de l'ethique. 1924;
178. Novicow. J.: La morale et l'interet dans les rapports individuals et internationaux, 1912;
179. Ottingen, D.A. von: Moral statistik, 1887;
180. Palmer, G.H.: The field of Ethics, 1901;
181. Palmer, G.H.: The problem of freedom, 1911;
182. Palmer,: The nature of goodness, 1903;
183. Palmer: The Heart of Ethics;
184. Paley. W.: Principles of moral & Political philosophy, 1859;
185. Paradi, D.: Les bases psychologiques de la morale, 1928;
186. Paradi, D.: Le probeme morale et a pensee contemporaine, 1930;
187. Paton: The good will, 1927;
188. Paulsen, Fr.: System der Ethik, 2 bde.;
189. Pearson, Prf. Karl: The Ethics of Free-Thought, etc.;
190. Perry, R.B.: Moral Economy, 1909;
191. Perry: General theory of value;
192. Piat, C.: La morale du Bonheur, 1909;
193. Port: Das problem der Werte;
194. Porter, N.: The Elements of moral science, 1895;
195. pound, R.: Law and morals, 1824;
196. Pradines, M.: L' erreur morals, 1909;
197. Rand,: The classical moralists, 1909;
198. Rashdall, H.: Theory of good and evil, 2 vols., 1924;
199. Rauch, F.: L' Experience morale, 1925;
200. Read C.: Natural and Social Morals, 1909;

201. Ree, P. : Die Entstehung des gewissens, 1885;
202. Ree, P.: Der Ursprung der moralischen Emptindungen, 1877;
203. Reid, Th.: Outlines of moral philosophy, 1863;
204. Renauld, J. F.: Manual de morale, 1920;
205. Rickbay, : Moral philosophy, 1888;
206. Ritchie, Prf.D.G.: Studies in Politial and Social Ethics;
207. Rogers, A.K: Morals in review, 1927;
208. Rogers, R.A.P.: A short history of Ethis, 1926;
209. Ross, W.D.: The meaning of the right & the good;
210. Royce, J.: The philosophy of loyalty, 1903;
211. Royce, Prf Josiah: Studies of Good and Evl, 1903;
212. Runze: Praktische Ethik, 1891;
213. Ryland, Fred.: Ethics-Introd. Manual for students, 1893;
214. Saleeby, C.W.: Ethics, 1906;
215. Samuel, S.H.: Practical Ethics;
216. Scheler, M.: Der formalismus in der Ethik und die materiale wertethik, 1, 1916;
117. Schuppe, W.: Ethik und rechtsphilosopbie, 1881;
218. Schlick, M.: Fragen der Ethik, 1930;
219. Schwarz, H.: Ethik, 1923;
220. Schurman, Prf.J.G.: Ethical Import of Darwinism, 1887;
221. Schurman, Prf.J.G.: Kantian Ethics and Ethics of Evolution, 1887;
222. Schwarz, H.: Das sittliche Leben-eine Ethik auf psychologischen grundlag, 1901;
223. Sculland, Prf.H.H.: Early christian Ethics in the west;
224. Schmidt: Ethik der altengriechen, 1882;
225. Seeley Sir Jno., & others: Ethics and Religion, 1900;
226. Selby-Bigge, L.A.: British moralists, 2 vols., 18'7;
227. Seth, A.: A study of ethical principles, 1908;
228. Senne, R. le: Le Devoir, 1930;
229. Sharp, F.c.: Ethics, 1928;
230. Sheldon W.L.:Ethical Sunday School;
231. Sherman, Ch.L.: The moral self, 1927;
232. SidgwickPrf.H.: Methods of Ethics;
233. Sidgwick, H.: Outlines of the history of Ethics, 1919;
234. Sidgwick, H.: Practical Ethics, 1898;
235. Siegler, Th.: Sittliches sein und sittliches werden, 1890;

236. Sigwart, Chr.: Vorfrage der Ethik, 1886;
237. Sigwart, H.C.W.: Das problem der freiheit und der unfreiheit d menschen wollens;
238. Simcox, Edith: Natural Law--an essay in Ethics, 1878;
239. Simmel, G.: Einleitung in die moralwissenschaft, 3 bde., 1892;
240. Sorley, W.R.: Moral values & the idea of God, 1918;
241. Sorley, W.R.: the Ethics of Naturalism, 1904;
242. Steward: Ethics;
243. Stange: Einleitung in die Ethik, 2 bde, 1923;
244. Stapledon: Modern theory of Ethics;
245. Steinthal: Allgemeine Ethik, 1885;
246. Stephen, L.: The English utilitarians, 3 vols., 1900;
247. Stephen, Sir Leslie: Social Rights and Duties, 2 vols., 1896;
248. Stephen, L.: The Science of Ethics;
249. Stern. W.: Kritische grundlegung der Ethik als positvie wissenschaft, 1889;
250. Stern, W.: Wer philosophie;
251. Stewart, D.: Outlines of moral philosophy, 1793;
252. Stoker, P.G.: Das Gewissen;
253. Stoops, J.D.: Ideals of conduct, 1926;
254. Streeter, B.H.: Personal Ethics;
255. Sturt: Moral Experience;
256. Sutherland, A.: The origin and growth of moral instinct, 1898;
257. Taeusch, C.F.: Professional and business Ethics, 1926;
258. Taylor, A.E.: The problem of conduct, 1905;
259. Thilly, F.: Introduction to Ethics, 1900;
260. Thomas: ethical basis of reality;
261. Tissot, : principes de morale, 1866;
262. Troeltsch, E.: Zur religiosen lage, religiosen philosoqhie und die Ethik, 1913;
263. Trendelenburg, A; Herbarts praktischen philosophie und die Ethik des Alten, 1856;
264. Truus, D.: Study in the philosophy of Ethics, 1903;
265. Turner: philosophical basis of moral obligation, 1934;
266. Urban, W.N.: Fundamentals of Ethics, 1930;
297. Veron, E.: La morale, 1884;
268. Wake C.st, : The Evolution of Morality, 2 vols

269. Wallace, A.R.: Social Environment and moral progress, 1613;
270. Wallace, w.: Lectures and Essays on natural theology and Ethics;
271. Wedgwood, Julia: The Moral Idea—an historic study, 1888.
272. Westermarck, E.: The Oigin and development of the moral ideas, 2 vols., 1924;
273. Westermarck, E.: Ethical relativity, 1932;
274. Whewell, W.: The Elements of morality;
275. Whewell, W.: Lectures on the history of moral philosophy, 1862;
276. White, A.K. and Macbeath. A.: The moral self, 1923;
277. Whitehead, G.: The Evolution of morality, 1933;
278. Williams, C.M.: A Review of the Systems of Ethics founded on the Theory of Evolution, 1893;
279. Wilson and Fowler: Principles of morals, 2 vols., 1894;
280. Windelband, W.; Uber willensfreiheit;
281. Woltman, L.: System des moralischen Bewusstseins, 1890;
282. Wright, H.w.: Self—realisation;
283. Wright, W.K.: A general introduction to Ethics, 1931;
284. Wundt, W.: Ethik, eine untersuchung der Tatsachen und gesetze des sittlichen Lebens, 3 Bande, 1922;
285. Ziegler: Ethik der griechen und Romern;
286. Ziegler: Geschichte der Christli he Ethik.